城市地下综合管廊建设与管理丛书

城市地下综合管廊运维管理

郑立宁 杨 超 王 建 著

U0296121

中国建筑工业出版社

图书在版编目（CIP）数据

城市地下综合管廊运维管理/郑立宁，杨超，王建
著 .—北京：中国建筑工业出版社，2017.6
（城市地下综合管廊建设与管理丛书）
ISBN 978-7-112-20823-4

Ⅰ.①城…　Ⅱ.①郑…②杨…③王…　Ⅲ.①市政工
程-地下管道-管道维修-研究　Ⅳ.①TU990.3

中国版本图书馆CIP数据核字（2017）第126085号

本书共9章，内容包括：综合管廊及建设情况；综合管廊运维管理的意义与现状；运维管理体系及内容要求；综合管廊土建结构管理；综合管廊附属设施管理；入廊管线管理；安全与应急管理；综合管廊建设管理模式及经济性分析；智慧运维技术与应用。本书对城市地下综合管廊的运维管理进行了系统的介绍和总结，对目前开展的地下综合管廊建设之后的运维管理能提供很好的参考。

本书适用于从事城市地下综合管廊建设与管理的技术及管理人员参考使用。

责任编辑：范业庶　万　李
责任设计：李志立
责任校对：李欣慰　焦　乐

城市地下综合管廊建设与管理丛书
城市地下综合管廊运维管理
郑立宁　杨　超　王　建　著

＊

中国建筑工业出版社出版、发行（北京海淀三里河路9号）
各地新华书店、建筑书店经销
唐山龙达图文制作有限公司制版
北京鹏润伟业印刷有限公司印刷

＊

开本：787×1092毫米　1/16　印张：10¼　字数：253千字
2017年7月第一版　2017年7月第一次印刷
定价：40.00元
ISBN 978-7-112-20823-4
（30480）

序

　　我国正处在城镇化快速发展时期，地下基础设施建设相对滞后。为了统筹各类市政管线规划、建设和管理，解决反复开挖路面、架空线网密集、管线事故频发等问题，国家正大力推进城市地下综合管廊建设。据不完全统计，2016 年以来全国综合管廊新开工建设总里程数超过 2000 公里，我国综合管廊建设进入了高速发展期。

　　如此大规模的建设城市地下综合管廊，在世界上绝无仅有，同时建成后长期运维风险也逐渐成为一个关注热点。综合管廊建设期只有几年时间，但运维期却长达百年。如何在漫长的运维周期中，保障城市"生命线"的安全稳定运行必将成为未来城市综合管廊研究领域的重要课题。运维管理的主要内容是负责保障综合管廊内部的监控、防灾、照明、通风、排水、监视等正常实施，担负廊道日常清洁、管廊及附属设施的维护保养、管廊的安保巡查，负责实施管廊风险评估检测、大中型维修、应急抢修等工作。

　　我国现阶段在城市地下综合管廊运维管理方面尚未形成一个统一的模式，无论是管理的主体还是客体都存在着多种方式。由于管廊内部空间狭小、管线众多、风险源多样、涉及专业广，单纯依靠人工监管的方式效率低、准确性不足。同时，集中汇集在管廊内部的大量市政管线发生事故时的级联灾害风险大幅度上升，这给综合管廊的安全管理提出了更高的要求。管理人员不仅要对每种管线的安全风险源进行识别和全方位跟踪管控，同时也需要根据权责范围协调各个管线权属单位的日常工作，以最大化保障城市管线的正常运行，降低突发事故带来的各种次生风险。因此，综合管廊的运维管理迫切需要标准化、规范化，迫切需要引入新技术、新方法以提升管理效率，降低管理成本。而智慧管廊的建设正是解决这一课题的重要途径：城市综合管廊引入信息化监控与管理系统辅助完成管廊的安全与日常运维管理工作；针对日常运维的海量信息，通过大数据技术提供管廊运行的优化策略。

　　本书结合大量国内外工程实践经验，全面阐述了综合管廊运维管理的意义、体系、内容、方法、标准、新技术等，是我国首部关于综合管廊运维管理领域的技术专著。本书的付梓问世，将为我国今后综合管廊的现代化运维管理提供参考和借鉴，同时对城市管理者及从事该领域的工程技术人员和科研人员均有益处。

中国工程院院士

钱七虎

二O一七，六，十二．

前　言

传统的市政管线直埋方式虽然工程技术简单、现场实施便捷，但从长期使用情况看来，不仅存在爆管、断线的潜在安全风险，且管线内介质跑冒滴漏及土壤中管材腐蚀所造成的直接经济损失异常严重，同时由于管线维修所至的道路反复开挖等造成的社会间接损失无法准确估量。城市地下综合管廊将各类市政管线集约化地敷设在一起，并进行集中运维管理，不仅能高效利用城市地下空间资源，且可以解决上述管线直埋所造成的系列问题，经济社会效益显著。

近年来，国家高度重视城市地下综合管廊建设，先后颁发了系列政策文件予以大力推动。据不完全统计，全国已开工建设的综合管廊达到数千公里，未来几年大量的综合管廊将集中从建设阶段进入运维阶段，且持续增加。目前，对综合管廊的研究主要集中在规划、设计和施工领域，而对管廊投入使用后的运维管理研究较少。如要充分发挥管廊的综合效能，科学合理的运维管理方法及技术要求至关重要。

综合管廊运维管理的对象主要包括土建结构、附属设施及敷设于其中的部分市政管线，运维管理的方法主要包括日常巡检与监测、维修保养、专业监测及大中修，同时要兼顾安全应急要求。结合 BIM、GIS、大数据、机器人巡检等新兴技术构成的智慧管理平台，能够提高综合管廊运维效率、增加安全保障、降低运维费用。综合管廊运维管理涉及专业面广，技术要求高，为了推动综合管廊运维管理技术进步，提高运维管理水平，撰写了本书。

本书共分为 9 章：第 1 章介绍了综合管廊的组成及国内外建设情况；第 2 章介绍了综合管廊运维管理的意义以及国内外典型管廊项目运维管理现状；第 3 章介绍了综合管廊运维管理体系及内容要求；第 4 章介绍了综合管廊土建结构的管理；第 5 章按专业分类介绍了综合管廊附属设施的管理；第 6 章介绍了入廊管线的管理；第 7 章介绍了安全与应急管理，包括应对各种突发应急事件的响应措施；第 8 章介绍了综合管廊建设管理模式并对管廊经济效益进行了分析；第 9 章介绍了智慧运维关键技术，并以作者独立开发应用的智慧管理平台为例，系统全面地介绍了综合管廊智慧化管理。

在本书撰写过程中，作者对国内部分已运维的典型管廊项目进行了实地调研，系统地总结了国内外综合管廊运维管理方面的相关经验，同时参考和引用了部分书刊、标准、数据等资料。中建地下空间有限公司的王明、罗春燕、田建波、孙蓓、许凯、白镭、高远等参加了相关调研，参与了智慧化管理平台的组件开发及部分书稿的撰写及图表的绘制，对各位的辛苦付出，深表谢意。

本书的主要研究工作得到了国家科技部十三五国家重点专项子课题"综合管廊智能化管理平台开发研究"（2016YFC0802405-5）、住房城乡建设部科技研发项目"综合管廊运营管理技术研究"（2016-K4-022），以及中建股份科技研发项目"城市综合管廊运营管理经济模式分析"（CSCEC-2016-Z-20-14）、"基于 BIM 和 GIS 的城市综合管廊管理平台研究"（CSCEC-2016-Z-20-15）等多个项目基金的资助，在此表示衷心的感谢。

在本书的出版过程中，得到了中建地下空间有限公司薛国州总经理、田强常务副总经理的支持与鼓励，得到了上海市政工程设计研究总院（集团）有限公司王恒栋副总工、中国建筑股份有限公司技术中心油新华副总工的指导，在此一并感谢。

感谢地下空间领域学术泰斗、中国工程院院士钱七虎为本书作序！

由于综合管廊运维管理涉及专业多、范围广，限于篇幅，部分理论知识和技术方法未能在本书中全面展开与深入，对此作者深表遗憾和歉意。另外，限于作者的学识、水平、时间，书中难免存在错误和疏漏，敬请专家、同行和读者批评指正。

目　　录

第1章 综合管廊及建设情况

1.1 综合管廊的组成

综合管廊（Utility Tunnel）[1]，也称共同沟，是实施统一规划、设计、施工和维护，建于城市地下用于容纳两类及以上城市工程管线的构筑物及附属设施。综合管廊作为城市市政工程管线的综合载体，可以实现各类市政管线的集约化、统一化、标准化的建设与管理，改变城市地下管线纵横交错、杂乱无章、维修频繁的现状，有效解决"马路拉链"、"空中蜘蛛网"、交通阻塞、事故频发和环境污染等一系列问题，对提高城市地下空间的利用效率和地下市政管线的安全水平具有十分重要的意义。

1.1.1 综合管廊的土建结构

综合管廊土建结构包括管廊主体结构、监控中心、供配电室以及地面设施等。

1. 管廊主体结构

管廊的主体结构包括埋设于地面下方的标准段（图 1.1-1）与节点部位。管廊节点部位通常包括保证管廊正常运行所需要的人员出入口、逃生口、吊装口、进风口、排风口、管线分支口等，如图 1.1-2～图 1.1-5 所示。

图 1.1-1 管廊标准段

图 1.1-2 人员出入口

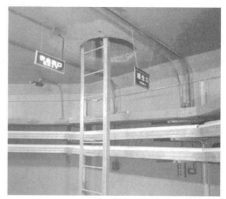

图 1.1-3 逃生口

图 1.1-4 分支口

图 1.1-5 电缆分支口

2. 监控中心

监控中心是运维人员办公与活动的场所，监控中心内部一般设有监控室（图 1.1-6）、资料室、备件库房等。

(a) 监控投影屏幕

(b) 备件库房

图 1.1-6 综合管廊监控室

3. 供配电室

一般情况下，综合管廊供配电室和监控中心合建，供配电室内安装有变压器（图 1.1-7）、高压柜、低压柜（图 1.1-8）等供配电设备。

图 1.1-7　变压器 　　　　　　　图 1.1-8　低压开关柜

4. 地面设施

地面设施包括露出地面的通风口（图 1.1-9）、人员出入口、投料口等设施。

图 1.1-9　通风口

5. 其他设施

其他设施包括管廊内部的管线支架与桥架（图 1.1-10）、支墩、内部的爬梯（图 1.1-11）、栏杆等。

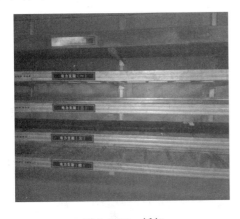

图 1.1-10　桥架 　　　　　　　图 1.1-11　爬梯

3

1.1.2 综合管廊的附属设施

综合管廊的附属设施包括供配电系统、照明系统、消防系统、通风系统、排水系统、监控与报警系统和标识系统等设施。

1. 供配电系统

综合管廊的供配电系统主要包括中心变配电站、现场配电站、低压配电系统、电力电缆线路和防雷与接地系统。根据管廊内用电设备的电压及配电范围，负荷大小和分布情况等，管廊供电采用 10kV/0.4kV 变配电系统供电，主变电所的供电半径一般为 7000m，分变电所供电半径一般为 600～700m。主变电所一般为室内布置，分变电所为箱式变电站（图 1.1-12）或地埋式变压器。

图 1.1-12　管廊沿线箱式变电站

2. 照明系统

综合管廊内的照明系统主要包括：正常照明和应急照明。综合舱、电力舱的照明设备为普通节能型产品，天然气舱的照明设备均为防爆型产品。

正常照明：由分区照明配电箱供电，为综合管廊内的日常巡检、维护、监控、办公等提供照明，主要采用的灯具为条形灯具。

应急照明：在综合管廊内的正常照明无法工作时，在特殊的区域内还需要保持最低的照明要求，以确保安全操作和人身安全。

3. 消防系统

（1）防火分隔

现行国家标准《城市综合管廊工程技术规范》GB 50838[1] 规定，综合管廊按照不同的舱室设置防火分隔。天然气管道舱及容纳电力电缆的舱室应每隔 200m 采用耐火极限不低于 3.0h 的不燃性墙体进行防火分隔。防火分隔处的门应采用甲级防火门，管线穿越防火隔断部位采用阻火包等防火封堵措施进行严密封堵（图 1.1-13）。

（2）灭火系统

现行国家标准《城市综合管廊工程技术规范》GB 50838[1] 规定，干线综合管廊中容

图 1.1-13 管廊内防火门及防火封堵

纳电力电缆的舱室，支线综合管廊中容纳 6 根及以上电力电缆的舱室应设置自动灭火系统，其他容纳电力电缆的舱室宜设置自动灭火系统。综合管廊内的灭火系统按照启动方式可以分为以下两类：

1）手提式灭火系统

在综合管廊各个舱室均设置有手提式灭火器（图 1.1-14）。手提式灭火器主要包括干粉灭火器、泡沫灭火器和二氧化碳灭火器 3 种。

2）自动灭火系统

目前，综合管廊中的自动灭火系统主要为超细干粉自动灭火系统（图 1.1-15）、细水雾自动灭火系统（图 1.1-16）两种，并主要设置在综合管廊的电力舱室内。

图 1.1-14 管廊内手提式灭火器

图 1.1-15 超细干粉灭火系统　　　图 1.1-16 细水雾灭火系统

4. 通风系统

综合管廊通风系统（图 1.1-17）主要包括机械排风系统、机械进风系统、自然进风系统。其中天然气舱内通风系统采用机械送风与机械排风方式相结合的方式，其他舱室的通风方式采用机械排风与自然进风相结合的方式。

5. 排水系统

综合管廊的人员出入口、逃生口、吊装口、进风口、排风口等节点处存在雨水淋入或流入的可能，综合管廊内部会发生结构渗漏水、表面凝结水等现象，管廊内部灾害事故也会造成给水排水管道的泄漏。管廊内应设置必要的排水设施（图1.1-18），以排除廊内的积水。排水区间长度不宜大于200m，区间内设置排水边沟，并在排水区间的低点设置集水坑及排水泵。每个集水坑内一般设置两台潜水排水泵和一套浮球开关，根据集水坑内水位自动启、停排水泵。

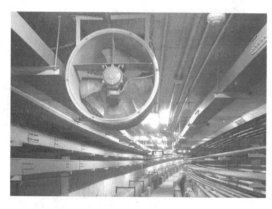

图1.1-17 管廊内通风系统　　　　　　图1.1-18 管廊内排水系统

6. 监控与报警系统

综合管廊运维管理中监控与报警系统直接关系到整个管廊的正常和安全运行。监控与报警系统可以分为：环境与设备监控系统、安全防范系统、预警与报警系统、通信系统等。

（1）环境与设备监控系统

综合管廊内部空间相对封闭，为保证管廊内工作人员及管廊内入廊管线的正常运行，在综合管廊沿线布置各种机电设备，可有效监控管廊内环境参数和管理机电设备，形成环境与设备监控系统。根据系统监控对象，对环境与设备监控系统进行分析，其具体功能如下：

1）对综合管廊内环境参数，包括空气中氧气含量、有毒气体含量、空气温湿度、液位等进行监控，保证管廊内环境参数在一个合理的范围内。管廊内环境监测内容见表1.1-1。

管廊内环境参数监测内容　　　　　　　　　　　　　　　表1.1-1

舱室容纳管线类别	给水管道再生水管道雨水管道	污水管道	天然气管道	热力管道	电力电缆通信电缆
温度	●	●	●	●	●
湿度	●	●	●	●	●
水位	●	●	●	●	●
O$_2$	●	●	●	●	●
H$_2$S气体	▲	●	▲	▲	▲
CH$_4$气体	▲	●	●	▲	▲

注：●应监测；▲宜监测。

2）负责实时采集安装于管廊人员出入口、逃生口、吊装口等口部的红外探测器信号，实现与安防系统的联动；

3）负责对排风机、水泵及照明配电箱进行控制；

4）在事故及灾害情况下进行通风、排烟和排热及辅助灭火作用；

5）与消防系统连接，实现与消防系统的联动；

6）通过标准通信接口与入廊管线专业监控系统进行通信，实现对入廊管线的协助管理。

环境与设备监控系统（图 1.1-19）采用基于工业以太网传输的三层网络结构体系。第一层为现场设备层，实现数据采集、监测及控制功能；第二层为网络层，将整个综合监控系统中的服务器、工作站及现场 ACU 等模块进行联网；第三层为上位机系统，实现集成的监视、控制和管理。

图 1.1-19　环境与设备监控系统

（2）安全防范系统

综合管廊的安全防范系统由视频监控系统、入侵报警系统、出入口控制系统、电子巡更系统（离线式）组成。

1）视频监控系统

视频监控是安全防范系统的核心，可实时采集管廊内的图像信息，对管廊内作业人员违规操作、外来入侵等异常情况进行监控。常用的视频摄像头分为球机和枪机两种（图 1.1 20）。

图 1.1-20　管廊内摄像头

2）入侵报警系统

综合管廊由于分布范围较广，且有投料口、通风口、人员出入口等与外界相通，为增强管廊的安全防范能力，在上述与外界相通的部位设置了红外对射探测器（图1.1-21）。通过红外对射探测器与摄像头视频联动，一旦发现警情，可以及时了解现场状况，并根据事件严重等级考虑是否派出巡视人员。

3）出入口控制系统

综合管廊人员出入口应设置出入口控制系统，通过出入口控制系统可对管廊进出情况（如人员编号、进出时间等）进行记录。

图 1.1-21　管廊内红外探测器

将出入口控制系统与视频监控系统相结合，通过视频监控系统对入出口的现场状态进行同步观察，从而大大提高了管廊的安全防控能力。

4）电子巡更系统

电子巡更系统一般安装在管廊的出入口、重要通道及设备间。巡检人员按照预定的巡检路线、巡检时间到达指定的巡检地点，通过手持式数据采集终端读取在巡检点处设置的信息钮中的数据，巡查结束后，将数据终端的巡检记录上传到管理系统中，以实现对巡检人员的巡检路线、巡检时间等进行监督。

（3）预警与报警系统

1）火灾自动报警系统

管廊内火灾自动报警系统（图1.1-22～图1.1-25）由探测、手动报警按钮、扬声器和报警主机等组成。火灾自动报警系统一般与视频监控系统、环境与设备监控系统进行联动控制，以实现对管廊内火情的实时监控和报警。

图 1.1-22　烟感探测器

图 1.1-23　消防手报按钮

2）可燃气体检测与报警系统

天然气管道舱设置可燃气体探测器，接入可燃气体报警控制器，可燃气体报警控制器采用通信接口接入火灾报警控制器，事故时由火灾集中式报警控制主机联动相关设备。

图 1.1-24　扬声器　　　　　　　图 1.1-25　火灾报警主机

（4）通信系统

综合管廊内平时无固定人员值守，为方便巡检、维修、入廊管线的施工作业以及异常报警时的通信联络，管廊内设置了通信系统。管廊内通信系统分为固定式通信系统和无线通信系统。

1）固定式通信系统

管廊内固定式通信系统大多采用数字程控交换网络，一般由公务电话与专用电话系统两部分构成，均采用电话交换技术。固定式通信系统的功能包括：

① 完成管廊内部呼叫及管廊外部呼叫功能。

② 实现对特殊业务的呼叫，如 119、110、120。

2）无线通信系统

由于综合管廊狭小细长，拐弯分叉，无线电使用环境很差，常规的无线对讲系统在管廊内使用效果差。这就需要一种经济、便捷、稳定、可靠、安全的无线接入网络，以满足地下工作人员的实时通信、人员定位、未来地下物联网扩展等用户需求，实现对管廊内所有接入网络设备的智能化管理。

（5）标识系统

综合管廊标识系统（图 1.1-26～图 1.1-28）包括简介牌、管线标识铭牌、设备铭牌、警告标识、设施标识、里程桩号牌标识、标牌，主要功能为标明综合管廊内的公用管线、设施名称、定位及警告提示。

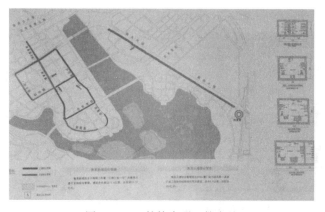

图 1.1-26　某管廊项目简介牌

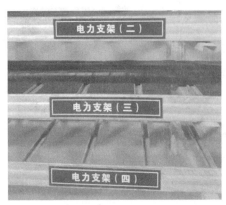

图 1.1-27 管线标识名牌　　　　　　图 1.1-28 设备名牌

1.2 入廊的管线类型

入廊管线（图 1.2-1～图 1.2-3）一般是指敷设于综合管廊内的给水再生水、雨污水、天然气、热力、电力、通信等市政城市工程管线，部分特殊管线包括直饮水、冷凝水管，垃圾输送管等。

图 1.2-1 管廊内的给水、中水及热力管道

图 1.2-2 管廊内的电力电缆　　　　　　图 1.2-3 管廊内的通信管线

1.3　综合管廊的分类

1.3.1　按照管线及舱室类型分类

综合管廊按照容纳的管线及舱室特点，可分为干线综合管廊、支线综合管廊以及线缆管廊三种结构形式[1]。

1. 干线综合管廊

干线综合管廊（图 1.3-1），一般设置于机动车道或者道路中央下方，主要用于连接原站，如发电厂、自来水厂、热力厂等。干线综合管廊内主要容纳高压电力电缆、给水主干道、热力主干道及信息主干电缆或者光缆等。管廊内设置有用于监测管廊内环境质量的传感器、通风、排水等附属设施设备，可供人员进出巡查。

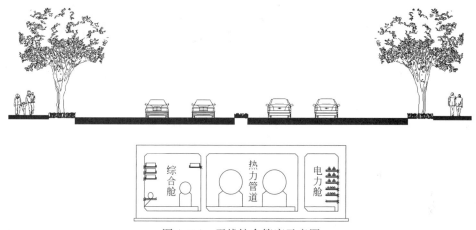

图 1.3-1　干线综合管廊示意图

2. 支线综合管廊

支线综合管廊（图 1.3-2），一般设置在道路的两旁，主要用于容纳城市配给工程管线，采用单舱或双舱方式建设。管廊内设置有用于监测管廊内环境质量的传感器、通风、排水等附属设施设备，可供人员进出巡查。

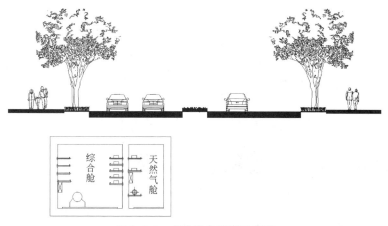

图 1.3-2　支线综合管廊示意图

3. 线缆管廊

线缆管廊（图 1.3-3），主要用于敷设城市中架空的电力、通信、道路照明等线缆，采用浅埋沟道方式建设，设有可开启盖板。线缆综合管廊内一般不设置用于监测管廊内环境质量的传感器、通风、排水等附属设施设备，其内部空间不能满足人员正常通行要求。线路管廊的断面一般采用矩形断面，路面仅设置用于施工作业的工作手孔。

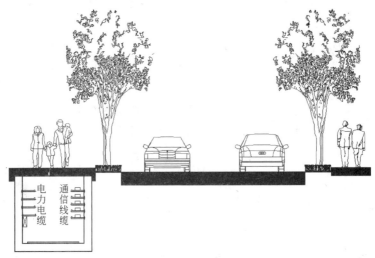

图 1.3-3　线缆管廊示意图

1.3.2　按截面形式分类

综合管廊按照主体结构标准段截面形式分为矩形截面、圆形截面和圆弧组合异形截面等形式。

1. 矩形截面

矩形截面形式（图 1.3-4～图 1.3-6）包括单舱矩形截面、双舱矩形截面和多舱矩形截面。矩形截面管廊能够充分利用内部空间，方便布线；适用性广，明挖时可采用现浇或预制，暗挖时宜采用顶管法。

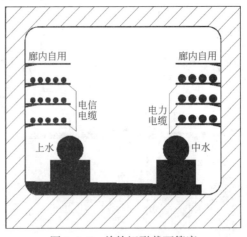

图 1.3-4　单舱矩形截面管廊

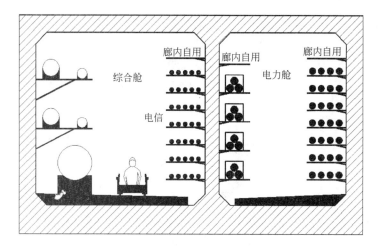

图 1.3-5　双舱矩形截面管廊

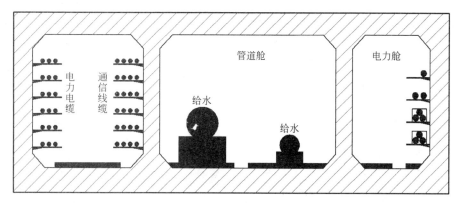

图 1.3-6　多舱矩形截面管廊

2. 圆形截面

圆形截面管廊（图 1.3-7）预制有混凝土基础底座，增加了管段在土体中的稳定性；由于是圆形截面，结构受力均匀，节省材料用量。但圆形截面管廊直径较小，舱体无法布置更多种类管线，空间利用率较低。明挖时可采用预制，暗挖时宜采用盾构或顶管法施工。

3. 圆弧组合异形截面

圆弧组合截面（图 1.3-8）结构受力合理，克服了圆形截面空间利用率低、高度受限的缺点，具有质量好、施工快、接口密封性好等优点。但圆弧组合截面的不规则性增加了其受力计算和尺寸设计难度，也对现场安装工艺水平提出了更高要求。其一般采用明挖预制施工。

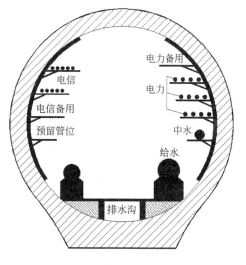

图 1.3-7　单舱圆形截面管廊

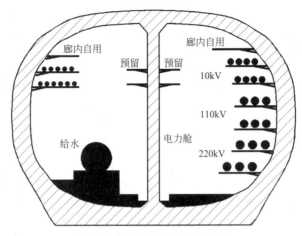

图 1.3-8　圆弧组合截面管廊

1.3.3　按照主体结构施工方法分类

　　管廊的主体工程结构根据其建造方式的不同可以分为现浇管廊（图 1.3-9）与预制管廊（图 1.3-10）两种。

图 1.3-9　现浇管廊

图 1.3-10　预制管廊

1.3.4　按管廊结构材质分类

综合管廊结构材质一般以钢筋混凝土为主，近年来也出现其他材质管廊，如钢制结构管廊（图 1.3-11）、纤维复合材料管廊（图 1.3-12）等。钢制综合管廊廊体一般为镀锌波纹钢板（管），采用高强度螺栓紧固连接，内部安装承重圈梁及组装式支架，外部二次防腐，内部采用耐火处理。纤维复合材料管廊廊体一般为玻纤树脂复合材料，内部安装钢制组装式支架，接头处一般采用承插式连接。

图 1.3-11　钢制结构管廊　　　　　　图 1.3-12　纤维复合材料管廊

1.4　国内外综合管廊建设情况

1.4.1　国外综合管廊建设情况

在发达国家，综合管廊已经存在了一个多世纪，在系统日趋完善的同时其规模也越来越大。

早在 1833 年，巴黎为解决地下管线铺设问题和提高环境质量，开始兴建地下管线的综合管廊。如今巴黎已经建成总长度约 100 km、系统较为完善的综合管廊网络。西班牙目前投入使用的有 92 km 长的综合管廊，除煤气管外，所有公用管线均进入廊道。另外，英国的伦敦、德国的汉堡、俄罗斯的莫斯科等欧洲城市也具有一定规模的地下综合管廊。

日本是世界上综合管廊建设最先进的国家，于 20 世纪 20 年代东京复兴建设时期开始建设。在东京市中心九段地区的干线道路下，将电力、电话、供水和煤气等管线集中铺设，形成了东京第一条综合管廊。此后，1963 年制定了《关于建设共同沟的特别措施法》，从法律层面规定了日本相关部门需在交通量大及未来可能拥堵的主要干道地下建设综合管廊。

国外不同地区综合管廊建设情况见表 1.4-1。

图 1.4-1　日本桥共同沟

国外不同地区综合管廊发展状况　　　　　　　　　　　表 1.4-1

国家或地区	基本情况	里程数（km）
法国巴黎	1833 年开始建设综合管廊，容纳管线包括给水管、压缩空气管、通信电缆、交通信号电缆、排水沟	2100
英国伦敦	1861 年开始建设综合管廊，容纳管线包括燃气管、给水管、污水管、电力及通信电缆	已建设 22 条
德国汉堡	1890 年开始建设综合管廊，容纳管线包括给水、通信、电力、燃气管道、污水管道、热力管道	
俄罗斯莫斯科	20 世纪开始建设综合管廊，容纳管线包括给水、通信、电力、污水管道、热力管道	130
日本	1926 年开始建设综合管廊，容纳管线包括上水管、中水管、下水管、煤气管、电力电缆、通信电缆、通信光缆、空调冷热管、垃圾收集管等	1500

1.4.2　国内综合管廊建设情况

北京早在 1958 年就在天安门广场下铺设了 1000 多米的综合管廊。2006 年，在中关村（西区）建成了主线长 2km，支线长 1km，包括水、电、供热、燃气、通信等市政管线的综合管廊。

近年来，国内出台一系列政策，开始通过政策和机制推动国内综合管廊建设，国内综合管廊迎来建设高峰期。2015 年第一批 10 个和 2016 年第二批 15 个试点城市相继确定，这些试点城市的综合管廊建设项目都获得了中央财政补贴支持。同时为了完善制度环境，中央政府还在综合管廊建设的规划、资金、技术等方面发布了一系列优惠政策和指导意见。2014 年 6 月，《国务院办公厅关于加强城市地下管线建设管理的指导意见》（国办发〔2014〕27 号）第一次对城市地下管线建设和管理提出了明确要求，并且首次提出"建设城市地下综合管廊"概念。2015 年 8 月，在相继出台鼓励 PPP（Public Private Partnership）模式进行城市基础设施建设的相关政策之后，国务院进一步在《国务院办公厅关于推进城市地下综合管廊建设的指导意见》（国办发〔2015〕61 号）中对城市地下综合管廊的规划、建设和管理作出了明确指示，并且创新性地提出以 PPP 模式开展地下综合管廊建设。可以预见，未来 10 年中国的城市地下综合管廊建设将进入高速发展时期。

在中央大力推进下，目前国内综合管廊项目的建设量急剧攀升。据统计，截止到2014年，我国综合管廊建成的总长度仅有500km。而到2015年，开工建设的综合管廊就达到1000km以上。根据第十二届全国人民代表大会第四次会议的政府工作报告，以及住房城乡建设部6月17日召开的城市综合管廊电视电话会议内容，提出确保在2016年全国综合管廊开工建设总长度将超过2000km的目标任务。仅统计试点城市及国内部分城市的综合管廊2016年计划建设情况，预计开工建设长度也接近了1000km。此外，这一增长趋势仍在不断扩大。

国内部分城市综合管廊建设情况见表1.4-2。

国内部分城市地下综合管廊建设情况 表1.4-2

城　　市	基本情况
上海	上海于1994年开始在张杨路建设综合管廊,目前已建成包括安亭新城、松江新城以及世博园等综合管廊项目
广州	广州于2005年在大学城建设综合管廊,目前已建成包括亚运城、新知识城以及广州疾控中心周边道路等管廊项目
昆明	昆明分别于2005年、2006年在昆洛路、广福路开始建设综合管廊
厦门	厦门于2012年开始在湖边水库建设综合,目前已建成包括集美新城、翔安路等管廊项目
佛山	佛山于2009年开始沿着岭南大道、裕和路、文华路、华康道等新城区主干道建设综合管廊
武汉	武汉于2007年开始在王家墩商务区开始建设综合管廊
宁波	宁波于2001年开始建设东部新城综合管廊,2014年完成所有机电安装,进入正式运营期
济南	济南于2001年开始在泉城路建设综合管廊,2013年在济南二环西路建设综合管廊,管廊断面形式以矩形双舱为主
兰州	兰州于2005年在安宁新城开始建设综合管廊项目
北京	北京于1958年在天安门广场下敷设了1000多米的综合管廊,2002年在中关村开始建设综合管廊,断面为矩形五舱
沈阳	沈阳于2013年开始在浑南新城开始建设综合管廊,断面以矩形单舱为主
珠海横琴	2010年3月开始建设,沿环岛北路、环岛东路、港澳大道、横琴大道、环岛西路等形成"日"字形环状管廊系统
青岛	青岛于2011年在高新区开始建设综合管廊,断面以矩形单舱为主
深圳	深圳于2004年开始在大梅沙—盐田坳建设综合管廊,2014年开始在光明新区建设综合管廊
石家庄	石家庄于2012年开始在正定新区开始建设综合管廊,断面以矩形双舱为主
郑州	2016年建设8个管廊项目,总长度约44.1km
石家庄	正定新区规划远期建设综合管廊系统120km,已建成19km,2016年底前开工建设15km地下综合管廊
四平	2016年计划建设管廊17条,共20.84km。2016年底建成土建结构10km,试运行9km
保山	综合管廊及缆线沟143.61km,其中干线综合管廊30.9km,包括永昌路、青堡路、南城大道及保岫东路;支线综合管廊35.75km,缆线沟76.9km
南宁	共有9个综合管廊项目开工建设,计划建设管廊总长为24.7km,目前已累计完成约12km施工
平潭	平潭综合实验区地下综合管廊干线工程(一期),总投资71.47亿元,综合管廊全长48.81km
成都	天府新区共规划了100km的综合管廊,目前已经修了近2km,2016开工建设58km
合肥	2016年开工建设23.9km地下综合管廊
海东	核心区计划新建综合管廊16.86km

续表

城　市	基本情况
绵阳	绵阳科技城集中发展区核心区地下综合管廊项目总投资 22 亿元,21.2km
乌鲁木齐	新建玄武湖路等 9 条地下综合管廊,总长度 2.27km
西安	2016 年建设目标是实施 22km 干支线,53km 缆线管廊项目
哈尔滨	2016 年,启动实施综合管廊建设 23.8km 主城区将完成长江路、南直路、红旗大街 12.1km 综合管廊建设,新区完成哈南九路、哈南十二大道等 6 条路共 11.7km 综合管廊建设
太原	太原市晋源东区,包括古城大街、实验路、纬三路、经二路、经三路 5 条综合管廊,总长度为 10.15km
福州	福州新区琅岐岛、三江口片区、福清东部新城、长乐福州新区区域等城市新区建设以及连潘旧屋区改造项目中同步开展地下综合管廊试点建设,试点项目总长度约 31.06km
济南	济南市中央商务区市政道路及地下综合管廊项目等基础设施建设项目(一期)工程新建综合管廊约 4.52km
兰州	马滩地区地下管廊项目本月内有望开工建设。据悉,该项目涉及范围 150hm^2,管线长度 6.84km
西宁	2016 年,西宁市地下综合管廊一期工程主要涉及师大新校区、小桥片区、西川新城片区、南川片区、多巴新城片区、海湖新区和城东区等 7 个片区,19 条道路综合管廊
拉萨	与拉萨市环城路项目同步实施,环城路北段 8.94km 缆线型管廊,环城路(西环段)总长 5km
呼和浩特	金峰路、后巧报路、双台什街等 18 条道路下综合管廊总长 18.47km

另外,我国台湾地区综合管廊的建设始于 1991 年的台北(图 1.4-2 为台北综合管廊监控中心)。目前,全台湾已建综合管廊超过 300km,台湾综合管廊的建设非常重视与地铁、高架道路、道路拓宽等大型城市基础设施的整合建设相结合。如台北东西快速道路综合管廊的建设,全长 6.3km,其中 2.7km 与地铁整合建设;2.5km 与地下街、地下车库整合建设;独立施工的综合管廊仅 1.1km,从而大大地降低了建设总成本,有效地推进了综合管廊的发展。

图 1.4-2　台北市共同管道监控中心

本章参考文献:

[1] 王恒栋,薛伟辰. 综合管廊工程理论与实践 [M]. 北京:中国建筑工业出版社,2013.

第 2 章　综合管廊运维管理的意义与现状

综合管廊的建设发展，避免了路面开挖对交通的影响、减少了不同地下管线间的施工碰撞问题，但同时对综合管廊内各管线的安全运行和综合防灾能力提出了更高的要求。布满管线的地下综合管廊一旦在运维阶段发生故障和灾害事故，就会产生连锁效应和衍生灾害，直接威胁整个城市的公共安全，给人民的生活造成重大影响。综合管廊运维管理，是指针对经竣工验收合格的综合管廊，由管廊运维管理单位联合入廊管线单位共同开展的有关综合管廊建设后运维管理活动。综合管廊的运维管理对于保证管廊的安全性、可靠性，以及降低综合管理运营成本等方面具有重要意义。

综合管廊中敷设的都是保障城市正常高效运转的"城市生命线"，这些"城市生命线"的安全运行关系着民众的日常生活、企业的生产经营乃至国家和社会的稳定，因此综合管廊在运维管理期间的首要任务就是保障"城市生命线"的正常运行。在综合管廊的运维期间，通过制定相关的运维管理标准、运维质量标准、安全监测规章制度和抢修、抢险应急方案，采用成熟、稳定、先进的运维管理技术，提前防范、超前预警、及时处理问题、事后巩固处理等措施，对管廊土建结构及其附属设施的高效管理，能为入廊管线提供安全可靠的运行环境，能保证人员在安全的作业环境中进行巡检、施工等工作。在综合管廊运维阶段进行的安全与应急管理工作，能保障综合管廊的运维安全，及时有效的实施应急救援工作，最大程度的减少人员伤亡、财产损失，维持正常的生产秩序。

相较于直接敷设于地下的管线，综合管廊内的管线更便于管理和维护，同时由于廊体的保护减少了管线在外部条件下爆管的风险，大幅提升了管线运行的可靠性。

对比传统的管线敷设模式，虽然综合管廊的一次性建设成本较高，但由于管线入廊减少了传统管线维修的道路开挖、交通影响，降低了市政管线的爆管事故、自来水与雨污水的跑冒滴漏，提高了管材的使用寿命，其长期综合经济效益非常明显。通过科学化、系统化的技术和管理手段，充分运用物联网监控、BIM 信息管理、3DGIS、网络神经元、云平台、自动巡检等技术，实现集中远程控制与程序化维护管理，不仅能够能大幅降低运维成本，且能够提高管廊的安全性与可靠性，增加综合管廊的宏观经济性。

2.1　国外综合管廊运维管理现状

2.1.1　法国巴黎

综合管廊的应用最早起源于 19 世纪的法国巴黎，在法国巴黎市区的主要道路下，均设置了圆形的下水道，在下水道两侧是高出水渠，宽度不低于 1m 的供维修人员行走的过道。如今，这些巴黎综合管廊已经不仅仅是下水道，在过道上方沿着管壁敷设有各种市政管线，包括饮用水系统、日常清洗街道及城市灌溉系统、调节建筑温度的冰水系统、采暖管线、燃气管线以及通信管线等[1,2]。经过不断完善，今天的巴黎下水道总长 2347km，约 2.6 万个下水道井盖、6000 多个地下蓄水池，下水道上部的各种市政管道总长度达到 2100 多千米。

综合管廊内，沿着过道每隔一段距离就有一个阀门间或者维修间，里面有各种阀门、开关、计量仪表和维修工具。在下水道中采用小船开展维修工人巡视、维修管线和电缆。在下水道上部每隔一段距离就有一个出口，维修人员可以沿梯子进出。在法国的综合管廊中还有独立的照明系统、通风系统。

巴黎有 1300 多名专业工人来维护综合管廊，包括清扫坑道、修理管道，寻找、抢救掉进或迷失在管廊中的人，用水淹的方式灭鼠，监管净化站等。在这里工作的人们都尽可能多地接种各类疫苗，工作时穿着特制的长靴。由于爆炸性气体很容易在排水道里聚集，他们工作时携带着气体侦测仪，以最大限度地确保安全。

当暴雨时，巴黎的综合管廊会开通泄洪通道，这些通道平时是关闭的，只有当下水道的水位高过一定程度时才会打开，将多余的水排向塞纳河。此外，综合管廊内还设置了清砂船和木质清淤球两种清淤设备，用于清除阴沟里的沉积物。

2.1.2 日本

日本是当今世界上综合管廊（日本称"共同沟"）建成规模最长、技术最为完善的国家。到目前为止，日本东京、大阪、名古屋、横滨、福冈等近 80 个城市已经修建了总长度超过 2057km 的地下综合管廊[2]，为了防止地震对综合管廊的破坏，日本采用了先进的管道变形调节技术和橡胶防震系统[3]。如今已投入使用的日比谷、麻布和青山地下综合管廊是日本东京最重要的地下管廊系统。日比谷共同沟是铺设在集中了文部科学省、财务省和警视厅大楼的国道一号虎门十字路口至日比谷十字路口间的一条直径约 7.5m、长约 1.6km、深 30～40m 的地下综合管廊，目前这条管廊现已投入运营，内部敷设的管线除下水道以外，还有电缆、电话线等各类市政管道。由于日本许多政府部门集中于日比谷地区，须时刻确保电力、通信、给水排水等公共服务，因此日比谷地下综合管廊的现代化程度非常高，它承担了该地区几乎所有的市政公共服务功能。麻布和青山地下综合管廊系统同样修建在东京核心区域，这两条地下管廊系统内敷设了电力电缆、通信电缆、天然气管道和供排水管道，运维人员每月会进行检修。其中的通信电缆全部用防火帆布包裹，以防出现火灾造成通信中断；天然气管道旁的照明用灯则由玻璃罩保护，防止出现电火花导致天然气爆炸等安全事故[4]。

综合管廊在日本经过多年的发展，已经实现相互连接成网，内部收纳的管线包括通信、供电、供气、给水和污水等城市日常生活必不可少的生命线。随着综合管廊成网络体系的发展，有效地防止了道路挖掘工作、提高了生命线在自然灾害（如地震等）发生时的安全性、减少了因道路施工导致的交通拥堵和环境污染等问题。在日常运维管理过程中，为保障综合管廊的正常运行，需进行地基液化处理、大修管理、增加财政预算等工作。

（1）地基液化处理

日本是一个地震频发的国家，为了确保管廊的耐震性，须定期对投入运营的综合管廊进行耐震性检查。管廊地基液化是影响管廊抗震的关键因素之一，因此需对管廊地基液化可能性高的地方实施应有的防治措施。在东京临海部分回填地的现存综合管廊中，地基液化现象比较显著。以国道 357 号下的综合管廊为例，该管廊位于东京临海区域，大部分区域均需进行地基液化处理。在该项目中，主要采取两种措施：①当管廊的地基区域没有障碍物时，一般处以连续打入钢板桩作为挡土设施；②当管廊地下区域有障碍物或者管廊有交叉分等无法打钢板桩的情形时，采用高压喷射搅拌的方式进行地基改良。

（2）管廊大修管理

由于日本的综合管廊修建的时间较早，在已完工投入运营的管廊里面，有 50％ 以上的管廊已经超过 30 年。随着时间的推移，这些共同管道正在老化，如裂缝、钢筋露出、混凝土剥落、勾缝损伤与漏水；漏水影响使铸铁盖等附属设备产生锈蚀；机械电气设备的老化使得附属设备的故障率不断提高；因为设备故障、警告报警、紧急对应等增加维护作业的难度增加。为保障城市生命线的正常运营，需对这些综合管廊进行大修。

2009～2012 年间，相关部门对东京区域综合管廊的损伤、裂化情况等进行了健全度评价，评价体系里面将健全度分为了五个等级（Ⅰ级为健全、Ⅱ级为较健全、Ⅲ级为稍微注意、Ⅳ级为注意、Ⅴ级为需修补）。结合管廊健全度评价结果，对管廊维修方案进行经济性评价。管廊维修方案分为七种，分别为：①健全度为Ⅲ～Ⅴ级的管廊均进行维修，维修频率 5 年/次；②健全度为Ⅲ～Ⅴ级的管廊均进行维修，维修频率 10 年/次；③健全度为Ⅲ～Ⅴ级的管廊均进行维修，维修频率 15 年/次；④健全度为Ⅳ～Ⅴ级的管廊均进行维修，维修频率 5 年/次；⑤健全度为Ⅳ～Ⅴ级的管廊均进行维修，维修频率 10 年/次；⑥健全度为Ⅳ～Ⅴ级的管廊均进行维修，维修频率 15 年/次；⑦仅对健全度为Ⅴ级的管廊进行维修，维修频率 5 年/次。针对上述修补方案的经济评价结果见图 2.1-1，最经济的是方案⑦。

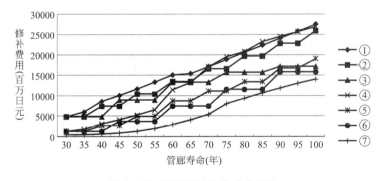

图 2.1-1　管廊修补方案成本对比

2.1.3　新加坡

从 20 世纪 90 年代末，新加坡首次在滨海湾推行地下综合管廊建设，成为新加坡在地下空间开发利用方面一个成功案例。滨海湾综合管廊距地面 3m，总长 20km，工程耗资 8 亿新元（约合 35.86 亿元人民币），管廊内敷设了供水管道、电力和通信电缆、气动垃圾收集系统及集中供冷装置等管线。作为亚洲第一条有人员在廊内操作的地下综合管廊，自 2004 年投入运维至今，新加坡滨海湾地下综合管廊全程由第三方服务机构提供运维服务[5]。

滨海湾地下综合管廊的运维管理前置到了该项目的设计阶段，运维单位的相关人员直接作为综合管廊设计图纸审查小组的顾问，从设计环节提供安全运维的咨询意见。在管廊的运维管理期间，运维单位组建了综合管廊项目管理、运营、安保、维护全生命周期的执行团队，基于各种安全考量，建立了多项标准操作流程。至今，滨海湾综合管廊已经安全运维了13年，其对综合管廊全程、全生命周期的管理，是新加坡综合管廊管理的最大亮点，也是它得以安全、平稳运维，令管廊投资方获得最大收益的可靠保证[5]。

自2014年开始，滨海湾综合管廊的相关单位便在进行智能运维平台的研究和探索，主要从四个方面展开：一是集中式的绩效管理平台，包括智能能源监测、智能照明、智能保安、智能运营等，这个平台能实时跟踪整个管廊的重要设备，减少开支、增加效率；二是可持续的管廊内部环境技术，包括环境监测、通风系统监测、空气质量、施工条件等；三是集中式数据库解决方案，包括智能数据存储、提高能效、可持续性和容量可变化性、运行速度快和系统可靠性等，可以不断分析改善管廊条件；四是智能监控仪表盘，可以融合所有监控系统，只显示管理人员所需要的信息[5]。

2.2 国内综合管廊运维管理现状

我国综合管廊的建设发展时间较短，已经投入运维管理的管廊中，较为典型的综合管廊项目为建设在广州、佛山、珠海、上海、厦门以及台湾地区的综合管廊。

2.2.1 广州

广州某综合管廊（图2.2-1、图2.2-2），集中铺设电力、通信、燃气、给水排水等市政管线。截至2005年共建设综合管廊17.9km，其中10km干线管廊，7.9km支线管廊。主线三舱综合管廊在围岛中环路中央隔离绿化地下，沿中环路呈环状结构布局，全长约10km，宽7m，高2.8m；支线管廊约8km。

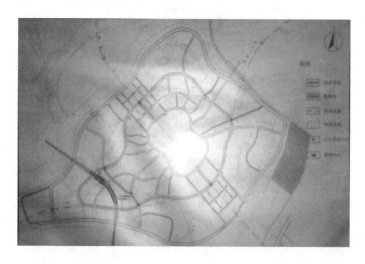

图2.2-1 综合管廊平面布置图

图 2.2-2　综合管廊内部

该管廊作为市政基础设施的一部分，由政府主导建设，由财政拨款，建成后作为资产注入某国有公司。该公司的主要业务是区域内经营性和准经营性市政公用设施、公共服务设施和后勤基础设施以及在区域内公共资源范围内相关项目的投资、经营管理及资本运营。在综合管廊的管理方面，其委托给某单位负责。

该管廊管理单位以项目组的形式负责综合管廊监控及机电维修，现场共 11 人，公司总部派 1 名管理人员兼职管理，其余管理人员、技术人员等与总公司共享。管理人员总共约 20 多人，实行 24 小时三班两倒。每年用于维护管理的收费约 200 万元。其中人工 100 多万，电费约 50 多万，其他（耗材等）约 20 万元～30 万元。

2.2.2　佛山

佛山某综合管廊（图 2.2-3～图 2.2-5）总规划 20km，2006 年建成 9.7km，已运营近 10 年。全段均为单舱断面，入廊管线有电力（10kV）、通信、供水、直饮水 4 种管线。综合管廊设有监控中心、消防系统、排水系统、通风系统及供配电系统等。

图 2.2-3　综合管廊平面布局

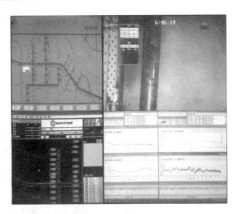

图 2.2-4　综合管廊内部　　　　　图 2.2-5　监控管理界面

　　该综合管廊的业主是政府城投公司，由其委托某物业公司代为管理，而该物业公司仅保留了该综合管廊的行政管理功能，管廊日常监控巡查和机电维护等工作则委托给了某企业集团进行。在人员配置方面，物业公司派 2 人兼职负责入廊管线审批、外部协调和对机电维护公司的监管。大型维护、设备购置或突发事故需上报业主落实。企业集团配置 3 名机电工程师，12 名巡查电工，共 15 人负责管廊监控巡查和机电维护。

　　运维单位将 9.7km 的综合管廊分为 ABCDEF 6 段，每天分段巡查，每周至少巡查完一次，监控中心配电室每两小时记录一次运行数据。巡查计划由机电维护团队制定，巡查工作完成后填写巡查记录。综合管廊内设有环境与设备监控系统、消防系统，管廊部分区段设有视频监控系统，照明系统、排风机仅在进入管廊作业前开启。当需要进行入廊作业时，施工单位须提交入廊申请和施工方案给物业公司审批，获取准许入廊作业并交纳施工押金后，施工人员方可入廊施工，完工后须提交竣工验收报告。

2.2.3　珠海

　　珠海某综合管廊（图 2.2-6～图 2.2-8）概算总投资 19.8 亿元，全长 33.4km，形成

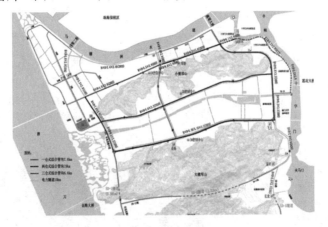

图 2.2-6　综合管廊平面布局

"日"字形环状管廊系统。管廊最窄处有 3m 宽、3m 高，最深处有 8.3m 深，有单、双及三舱式多种模式，设有 1 座监控中心，入廊管线包括给水、电力、通信、中水、真空垃圾、冷凝水管 6 类。

　　在该综合管廊的建设过程中，相关部门就制定出台《综合管廊管理办法》，提出了公司化运作、物业式管理的运维管理模式，并运用信息化技术对管廊进行智能化的管理。

图 2.2-7　综合管廊参观段　　　　　　　　图 2.2-8　设备间

（1）制度设置

　　珠海某城市公共资源经营管理有限公司负责该综合管廊的日常运维管理。该综合管廊的建设费用由政府确定的投资建设单位负责筹措，管线单位应当缴纳管廊使用费用，原则上不超过原管线直接敷设的成本。综合管廊管理费用包括综合管廊的日常巡查、大中修等维护费用、管理及必要人员的开支的费用，综合管廊管理费用中的大中修等维护费用由政府承担，其他管理费用由管线单位按照入廊管线量分摊。管廊使用费和日常维护管理费缴费标准及缴付方式由综合管廊管理单位负责制定。

（2）公司化运作、物业式管理

　　运维管理公司在各方协调、职能完善的原则下组成，确保各专业配套完备，既包括专业技术人员的完备，也包括技术设备的完备。目前该项目部设置运维人员 28 名，负责 33.4km（已运行 28.9km）综合管廊的监控、巡查、检修，其中，监控中心实行三班三倒制，每班 2 人。综合管廊的日常维护和管理包括以下内容：防止综合管廊遭受人为破坏；保障综合管廊内的通风、照明、排水、防火、通信等设备正常运转；建立完善的报警系统；建立具有快速抢修能力的施工队伍等。

（3）建立收费机制

　　委托了专业测算机构，借鉴国内外综合管廊收费管理经验，出台了地下综合管廊的收费项目和收费标准，目前初步意见为首年免收入廊费，该项费用按直埋成本在今后逐年收取；日常管理维护费按地下综合管廊日常管理维护总支出成本测算，根据各类管线设计截面空间比例，由各管线单位合理分摊。

（4）信息化的管理

　　为确保该综合管廊的有效运行，管廊内配备了视频监控、火灾报警、计算机网络控制和自动控制四大系统，监控中心（图2.2-9）设有火灾报警主机、视频监控主机及监控大屏、计算机工作站等设备，有效确保了综合管廊的运行安全。在综合管廊监控中心，通过大屏幕，管理人员可以清晰地看到地下管廊的实时监控图像，如果管廊内出现突发情况，监控中心可以第一时间发现并应对，确保管廊的正常运作。

图2.2-9　综合管廊监控中心

2.2.4　宁波

宁波某综合管廊（图2.2-10、图2.2-11）由3横3纵组成，分为38个区段，串联起6条道路，总长度约9.38km，服务面积约4km²。该综合管廊容纳了电力、电信、移动、联通、广电、给水、热力等各类管线，并预留有中水管位。

图2.2-10　综合管廊平面布局　　　　　　　图2.2-11　综合管廊内部

综合管廊的业主将管廊的日常监控巡查和机电维护委托上海某公司所负责，该公司设置了常驻式运营项目部，派驻项目经理和专业技术、管理人员共20人，负责综合管廊的监控、巡检、检修。其中3～4个管理人员；骨干班长4人，监控人员6～8，4班3倒，每班2人；巡检人员4～6人（含骨干班长）；机电养护人员3～4人。运维单位需每天对管廊巡检一次（每天每人12～14km，2人每班），当遇到台风季节时，巡检频率提高为每天4次。每年的汛期前和汛期后会对廊内的水泵进行检修，整体而言，每年的水泵更换台数为10台。

2.2.5　上海

上海某综合管廊（图 2.2-12）于 2007 年开工建设，管廊呈环状结构分布，总长约 6.4km。入廊管线有电力电缆、通信线缆和给水管线，以及管廊自用设备管线。土建结构标准断面为矩形，分单舱、双舱两种，采用预制拼装施工，是国内首条使用预制装配技术的管廊。2010 年正式投入运营，于 2011 年 8 月移交上海市市政局负责日常管理。

该项目由其委托的上海某公司负责具体的运维管理工作（三年一签，季度付款），该公司设置常驻式运营项目部，派驻项目经理和专业技术、管理人员共 16 人（三班三倒），负责综合管廊监控、巡查（每天一次）、检修，财务、人力部门由公司总部运营部负责。

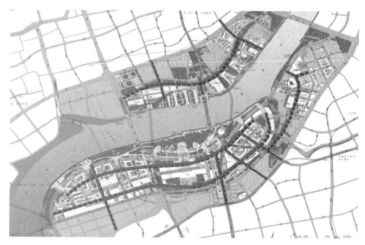

图 2.2-12　综合管廊平面布局

为确保综合管廊的安全性和防范能力，该综合管廊项目综合运用技术手段，配置了相关的设备设施系统，其中包括：自动化监控系统、视频监控系统（图 2.2-13）、消防喷淋系统、火灾报警系统、排水系统、通风系统、液压井盖系统（图 2.2-14）等，保障了综合管廊的综合利用和运行安全。

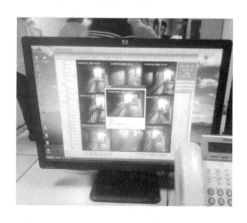

图 2.2-13　视频监控系统

图 2.2-14　液压井盖

2.2.6 厦门

厦门市某综合管廊（图 2.2-15）总共已投入运营干、支线综合管廊 24.58km，缆线管廊 50.46km，纳入管线总长度超过 270km，在建干、支线综合管廊 52.68km，缆线管廊 31.17km。

图 2.2-15 综合管廊总体规划

图 2.2-16 管廊内部   图 2.2-17 管廊内部监控平台

厦门在国内率先实行综合管廊企业化运维管理，于 2014 年 4 月组建厦门市政管廊投资管理有限公司（以下简称"厦门管廊公司"），对全市综合管廊进行统一规划、统一建设、统一管理，通过"政府扶持、企业运作"的模式，逐步推动综合管廊建设与管理的多元化和市场化[6]。厦门管廊公司中设置了设备部和运维部，其中设备部负责管廊的巡检、修理和维护，运维部主要负责入廊费用的收取和相关的财务管理工作。此外，管廊的保洁和巡视工作是外包给其他物业公司负责。厦门管廊的年运营费用约 60 万元～70 万元/km，其中费用占比较高的项目为：保洁清淤、排污设备维护、照明和通风设施的耗能。厦门管廊公司的收入的来源有入廊费和政府补贴，其中 60% 以上来自于政府补贴，40% 来自入廊费。

2.3　思考与建议

根据国内外综合管廊运维管理的先进经验，综合管廊的管理应由政府部门牵头建立综合管理机构，建立健全相关法规和维护管理标准，完善各部门间的协调机制及针对运维管理单位的监督管理体系，提高管理水平，明确管理单位的权、责、利，保障综合管廊的安全、高效运营，并确保其社会效益得到最大程度的发挥。

1. 建立综合管理机构

日本为保障综合管廊的投资、建设和管理，成立了综合管廊建设机构、管理维护中心及公共管线建设基金管理委员会等机构。上节提到的广州某管廊由政府投资公司负责运维管理，其经营范围和价格受政府的严格监管，发展受政府的保护；宁波某综合管廊由政府财政投资建设，主管单位是宁波市某建设指挥部；上海某综合管廊的行政管理部门是上海市市政局，通过招标方式择优选取维护管理单位。从各地的经验可见：综合管廊中容纳的市政管线类型繁多，包括给水、雨水、污水、再生水、天然气、电力、通信等，按照目前的行政职能部门划分，分别对应自来水公司、水利局、建设局、燃气公司、供电局、电信局等多个部门或单位。且国内管线权属单位大多属于自然垄断行业，具有较强的博弈及议价能力，综合管廊有偿使用必然导致管线单位的博弈行为，管廊运维主体直接与其博弈时处于弱势地位。综合管廊从规划、建设到运维是一个长期的过程，为打破传统利益格局、高效开展综合管廊的运维管理，有必要在政府层面成立"综合管廊管理办公室"，统一协调与管理综合管廊的日常运行、维护管理等相关工作。

2. 建立健全相关法规和维护管理标准

日本综合管廊的快速发展，相对完善的综合管廊法规及条例起了较大的推动作用。综合管廊运维牵涉到的管线权属与管理单位众多，需要有一套完整的行政法规作为管理依据。法规中应明确管廊的建设与运营采用那种资金分摊方法更合理，以及用何种形式出资、如何管理；在综合管廊建设完成后，其所有权、使用权、管理权如何界定等问题。

综合管廊与普通的建构筑物不同，其建成之后，需要建立一系列完整的运维管理体系与制度，以减小管线发生故障的概率，保障管廊安全运营。同时，综合管廊的运维管理是一个系统化的、全生命周期的过程管理，其涉及技术领域广、专业度强，迫切需要规范管理标准，以提高管廊的运维管理的服务质量和效率。

3. 建立有效的监督管理机制

由上节可见，综合管廊的运维一般委托专业的管理公司进行，管理公司的管理权限需要与管线权属单位进行协商确定。入廊管线的安全使用事关市民百姓的正常生活，运维公司的运维质量需要在制度上进行约束，建立系统全面的监督管理机制与考核办法，不仅有利于明确运维单位的权、责、利,同时能够提高地下管廊运维管理的效率和水平。

本章参考文献:

[1] 韦健,果志强.浅谈国内外综合管廊的建设 [J].江西化工,2016(5):15-19.

[2] 白海龙.城市综合管廊发展趋势研究 [J].中国市政工程,2015(6):78-81.

[3] 郭磊.国外城市地下空间开发与利用经验借鉴(七):日本地下空间开发与利用(7)[J].城市规划通讯,2016(10):034.

[4] 日本:共同沟提升城市功能 [J].中国信息界,2015(8):87.

[5] 李春梅.全生命周期管理:地下综合管廊的新加坡模式 [J].中国勘察设计,2016(3):72-75.

[6] 殷磊.综合管廊"厦门模式"在全国推广 [N].厦门日报,2016-12-9(A06).

[7] 雷升祥.综合管廊与管道盾构 [M].北京:中国铁道出版社,2015:268.

第 3 章 运维管理体系及内容要求

3.1 概述

综合管廊运维管理是一项综合程度较高的系统性工作，运维管理体系是实现运维管理统一性、系统性、规范性、合理性的根本，综合管廊运维管理体系的建设，需要遵从相关原则，并采取系列措施构建。本章主要介绍综合管廊运维管理的质量目标、组织架构、职能分工、管理制度体系、管理内容和考核管理机制。

综合管廊运维管理体系需根据综合管廊的实际情况出发，根据综合管廊的类型、规模、技术条件和运维管理模式等多方面考虑，保证运维管理体系的可行性、适用性，避免不合实际。

3.2 质量目标与保证措施

质量目标管理是现代企业管理中一种先进的管理制度和管理方法，在综合管廊的运维管理中实行和运用这一制度和方法，明确质量目标，建立健全管廊运维质量保证体系，对于提高管廊的运维水平，提高运维的经济效益，调动管理人员的积极性和创造性，具有重大的意义。

3.2.1 质量目标

综合管廊运维管理质量目标一般包含运维目标、安全目标、客户满意目标和环境保护目标。

1. 运维目标

日常运维、安全管理及突发事件管理制度完整，确保综合管廊主体及附属设施质量合格率，综合管廊设施及附属工程损坏时，应第一时间组织抢修，保障 24 小时内排障率。

2. 安全目标

管廊运维期间管廊总体运行优良，安全事故零伤亡，杜绝火灾事故等安全责任事故，确保职工劳保用品配置发放率，入场职工安全教育率，安全技术交底率，管理人员及特种作业人员持证上岗率，安全技术资料真实、准确、齐全、及时。

3. 客户满意目标

提高相关行政主管部门、管线单位和周边居民满意度。

4. 环境保护目标

综合管廊内环境质量符合相应的环境保护标准。

3.2.2 保证措施

按照企业的项目管理模式，以 ISO9001 模式标准建立有效的质量保证体系（图 3.2-1），并制定项目质量计划，推行国际质量管理和质量保证标准，以合同为制约，强化质量的全过程管控，通过明确分工，密切协调与配合，使服务质量得到有效的控制。从组织保证、制度保证、技术保证及设施保证等方面着手，建立与完善质量保证体系，达到人人心中都有质量这根红线、底线。

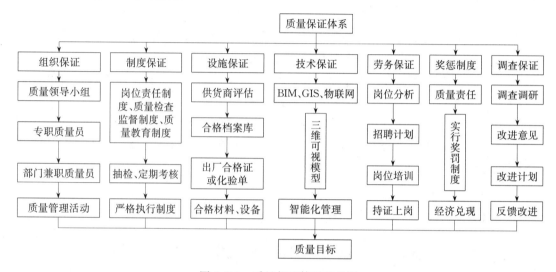

图 3.2-1　质量保证体系结构图

1. 组织保证措施

完善质量管理系统，坚持实事求是，坚持系统、全面、统一的原则，坚持职务、责任、权限、利益相一致的原则。明确职责分工，落实质量控制责任，通过定期或不定期的检查，发现问题，总结经验，纠正不足，对每个部门每个岗位实行定性和定量的考核。成立质量保证领导小组，质量保证领导小组组长由管廊运维管理单位总经理担任，制定《质量保证计划和质量保证措施》，并依照该文件严格执行，并根据反馈意见，不断修改完善。

2. 制度保证措施

运维管理单位制定详细、完善的综合管廊运维管理制度，还需完善并执行岗位责任制度、质量监督制度、质量教育制度、质量检查制度等，对制度执行情况进行监督管理。进一步建立岗位责任制度和质量监督制度，按照"谁主管，谁负责；谁负责，谁检查"的原则划分质量责任，每月考核一次，考核结果与个人业绩挂钩。严格执行质量检查制度，坚持自检、互检，执行抽检制度，质量保证领导小组定期（月、周）检查，检查后及时通报表彰好的运维小组。

3. 设施保证措施

采用高品质的综合管廊设备，搭建高水平的综合管廊设施，定期按照相关标准对管廊设施进行升级改造。依据可靠、先进、实用、经济的原则，采购所有的原材料、构配件、设备等时，必须确定合格的厂家或商家，事先对供货商进行评估，建立合格的供货商档案，采购的产品必须有出厂合格证或化验单。

同时严格执行综合管廊维护管理制度，执行安全巡查制度，定期对综合管廊设施保养和维护，保持综合管廊设施设备状态完好，综合管廊设施及附属工程损坏时，第一时间组织进行抢修，保证综合管廊设施的合格率，同时，保证管廊内部的环境清洁，按照相关环境标准控制综合管廊内环境。

4. 技术保证措施

采用 BIM、GIS 及物联网等技术，建立综合管廊运维管理平台。通过 BIM 和 GIS 的结合实现对综合管廊内部结构和外部空间的三维可视化管理，以及地下管线等设施的精准定位。在此基础上，结合物联网技术对入廊管线以及综合管廊相关配套设施进行智能化控制，实现对综合管廊的可视化安全监测、检测、预警和应急处理。最后，预留接口，接入智慧城市智慧中心，实现对综合管廊运维管理中的各类信息数据进行存储和共享，系统维护人员和各相关部门可以通过平台提供的客户端查询云平台中各个系统功能模块的工作状态和监测对象的实时共享信息，协同对综合管廊中出现的异常状态做出及时的科学决策。

5. 人才保证措施

综合管廊运维涉及机电、消防、自动化、结构、岩土等相关专业，具有较高的多样性和复杂性，因而需要掌握相关技术的优秀复合型人才。目前，我国有管廊运维工作经验的人才非常缺乏，基于这样的事实，重视人员的招聘与培训工作，运维管理单位在人员筹备方面按照机制设计为先导，人员招聘为基础，人员培训为重点，来开展相关工作，努力为管廊运维服务培养一支人员结构合理，技能好素质高的人才队伍。

6. 奖罚保证措施

为了进一步保证运维服务质量，引进激励制度，建立奖罚制度。依据运维单位制定的检查、监督和考核制度，针对考核结果制定详细的奖罚制度。在考核中发现未按管理制度要求执行，未尽到职责的部门、个人，对玩忽职守，造成服务质量下降的，要追究其责任，视情节轻重进行处罚。对质量管理做出突出贡献，包括提出合理化建议，进行技术革新，进行设备改造，或者避免质量事故发生的当事人，给予奖励并参考年终奖励。

7. 调查反馈措施

对入廊管线单位实施定期调查，调查内容包括运维管理单位维护设施水平，告知管线单位管线破损的及时程度，巡查管线设施的频率和质量，协助管线单位维护的满意度等。对管廊周边居民实施定期公共调查，调查内容包括综合管廊是否对周边有噪声影响，综合管廊是否对周边有臭气影响，是否对周边景观和通行造成影响，是否对周边安全造成影响等。通过对管线单位和周边居民的调查反馈，制定详细的改进计划和措施，通过实施一段时间的改进措施后，再对入廊管线单位和周边居民进行调查反馈，通过定期不断的调查，不断改进综合管廊服务质量。

3.3　组织架构和职能分工

综合管廊运维管理单位组建的目的是在综合管廊的建设和运行过程中承担综合管廊设施设备的维护管理、技术管理等任务，确保综合管廊所有设施、设备的安全、顺利运行。

结构合理且执行力强的团队是实现综合管廊运维工作高效开展的必要条件。运维单位组织架构的编制主要从机构精简、职责明确、满足运营业务基本需求等方面考虑。综合管廊运维管理单位一般组织架构如图 3.3-1 所示。

各部门的主要职责如下：

1. 综合管理部

（1）负责全公司日常行政事务管理，负责公司办公设施的管理，负责公司总务工作，做好后勤保障；

图 3.3-1　综合管廊运维
管理单位组织架构图

（2）拟订并持续优化、完善合法、规范、有效的人力资源管理规章制度和工作流程；

（3）拟订人力资源战略规划，提出保障战略实施和业务发展、持续优化人力资源管理体制和员工队伍的方案并组织实施；

（4）制定并组织实施员工职系职级体系和培训培养体系，提升员工专业能力和管理人员的领导力；

（5）管理与员工的劳动关系，办理各种劳动关系手续，建立员工信息系统，及时保存、更新、提供人员信息；

（6）为丰富员工文化生活，组织安排各种文体活动；

（7）完成公司领导交办的其他工作任务。

2. 财务管理部

（1）负责公司日常财务核算，搜集公司经营活动情况、资金动态、营业收入和费用开支的资料并进行分析、提出建议；

（2）组织各部门编制收支计划，编制公司的月、季、年度营业计划和财务计划，定期对执行情况进行检查分析；

（3）组织编制综合管廊内入廊管线产权主体应缴纳空间租赁费、新工程实施发生的管廊空间占用费、管廊运行物业管理费等费用的收取标准，收取管线入廊的各项费用；

（4）经营报告资料编制；单元成本、标准成本协助建立；效率奖金核算、年度预算资料汇总；

（5）完成公司领导交办的其他工作任务。

3. 技术管理部

（1）负责组织制定运维管理制度；

（2）制定综合管廊的技术标准；

（3）综合管廊的维护保养手册、安全操作规程；

（4）在管廊的运行管理过程中进行技术管理；

（5）负责管廊内部设施更新升级、维修养护等计划的审核、提报，管控；

（6）制定应急预案并组织应急演习；

（7）制定管廊的运维质量目标，建立质量管理制度、质量检验制度、质量责任制度；

（8）完成公司领导交办的其他工作任务。

4. 运维管理部

（1）按照综合管廊相关政策和标准保护、运营及维护管廊及附属设施；

（2）制定健全的、详细的综合管廊运维管理制度；

（3）确定日常运营工作和特殊工作的工作流程；

（4）配合和协助入廊管线单位的巡查、养护和维修；

（5）进行出入综合管廊管理；

（6）监控综合管廊内照明、排水、通风、防入侵系统等正常运行；

（7）巡查综合管廊主体、入廊管线及附属设施；

（8）检修综合管廊主体和附属设施；

（9）综合管廊应急处理管理。

5. 人员配置

公司人员编制设定主要从机构精简、职责明确、满足业务基本需求等方面考虑，运维单位人员主要包括各部门领导、行政专员、人事专员、商务专员、财务人员、技术人员、安全人员、巡检人员和检修人员等，人员配置可根据项目实际运行需要进行调整。

3.4 管理制度体系

管理制度体系内容的合理与否，结构的完整与否，决定着公司制度化管理的效果，而制定科学完整的管理制度取决于科学的建设方法。公司将从实际情况出发，在管理制度制定方面坚持以下原则[1]：

（1）系统原则：按照系统论的观点来认识公司管理制度体系，深入分析各项管理活动和管理制度间的内在联系及其系统功能，从根本上分析影响和决定公司管理效率的要素和原因。

（2）遵循管理自然流程原则：在公司中，业务流程决定各部门的运行效率。将公司的管理活动按业务需要的自然顺序来设计流程，并以流程为主导进行管理制度建设。

（3）以人为本原则：公司的构成要素中人是最关键、最积极、最活跃的因素。公司管理的计划功能、组织功能、领导功能、控制功能都是通过人这个载体实现的，只有在各环节中充分发挥了人的积极性、创造性，公司才能达到它的目标。

（4）稳定性与适应性相结合原则：公司管理总是要不断否定管理中的消极因素，保留发扬管理中的积极因素，并不断吸收新内容和国内外先进的管理经验，进行自我调整、自我完善，以适应公司内外部环境变化的需要，公司在管理制度制定上将遵循稳定性与适应性相结合的原则。

综合管廊主要运维管理制度见表 3.4-1。

管廊主要运维管理制度　　　　　　　　　　　　　　　　表 3.4-1

序号	一级管理制度	二级管理制度
1	行政管理	文件收发管理 宣传报道管理 档案管理 办公用品管理 安全生产管理 车辆安全管理规定 重大情况报告制度 考核规定

续表

序号	一级管理制度	二级管理制度
2	人力资源管理	人员录用管理 劳动合同管理 机构设置与编制 一般管理岗职务设置 劳动工资管理 福利待遇管理 劳动纪律管理 加班管理 培训管理 技能鉴定 奖惩规定
3	工程、设备招标投标管理	低值易耗品管理办法 固定资产管理办法 招标管理
4	财务审批办法	总则 实施细则
5	财务检查办法	
6	资金管理办法	
7	合同管理办法细则	总则 合同管理的职责分工 合同的签订和履行 合同违约及纠纷的处理 合同的专用章和合同档案
8	票据管理办法	
9	资金安全管理办法	
10	会计档案管理办法	
11	费用开支管理办法	费用开支计划 费用开支标准
12	费用核算制度	费用开支管理要求 费用开支办理程序 费用开支范围和内容 费用和其他开支的界限 成本费用核算原则
13	管廊维护管理制度	监控中心管理制度 日常巡检管理制度 备品备件管理制度 管廊安全操作与防护管理制度 安全保卫管理制度 管廊内施工作业管理制度 进出综合管廊管理制度 水电节能降耗管理制度 抢修维修管理制度 禁止行为

序号	一级管理制度	二级管理制度
14	管廊运维规程	重大事故应急响应流程
		土建结构的维护保养规程
		机电设施维护保养规程
		高低压供配电系统维护保养规程
		火灾报警系统的维护保养规程
		通风系统维护保养规程
		照明系统维护保养规程
		给水排水、消防与救援系统维护保养规程
		弱电设施维护保养规程
		中央计算机信息系统的维护保养规程
		地面设施维护规程
15	管廊运维应急预案	火灾应急预案
		地震应急预案
		防恐应急预案
		洪涝应急预案
		入廊管线事故应急预案

管廊运维管理制度体系中有关管廊维护管理制度需要包括的主要内容见表 3.4-2。

管廊维护管理制度主要内容

表 3.4-2

序号	制度名称	主要内容
1	监控中心管理制度	主要包括监控中心日常值班制度、交接班制度、信息设备技术资料管理、异常事件及管理系统故障上报制度、监控中心设备管理制度以及网络管理制度等方面的内容
2	日常巡检管理制度	对管廊日常巡检进行规定,主要包括巡检任务的分配、人员安排,巡检人员入廊巡检的作业要求等方面的内容
3	备品备件管理制度	主要包括管廊备品备件从申报、入库、保管到领用的制度及管理职责
4	管廊安全操作与防护管理制度	主要包括运维单位内部巡检人员进出综合管廊的安全管理规定(管廊内环境质量的确认、安全用电等操作规程),外来人员进入综合管廊的安全管理规定
5	安全保卫管理制度	综合管廊的内、外部安全防范管理制度
6	管廊内施工作业管理制度	对运维单位维修人员在综合管廊内进行维修作业进行要求,对管线单位对入廊管线进行施工作业进行要求
7	进出综合管廊管理制度	对进出综合管廊流程进行规定

3.5　管理内容

　　综合管廊运维管理的内容分为日常管理和安全与应急管理。日常管理主要对管廊土建结构、附属设施及入廊管线开展的日常巡检与监测、专业检测及维修保养等工作,日常管理工作中涉及的各种工作表格见附录。安全与应急管理是指为保障综合管廊的运维安全,及时有效的实施应急救援工作,为最大程度的减少人员伤亡、财产损失,维持正常的生产秩序而开展的工作。本节就管理内容作简要概述,详细内容见其他章节。综合管廊管理内容主要为日常巡检与监测、维修保养、专业检测和大中修管理。

3.6 考核管理机制

3.6.1 监督考核

综合管廊在运维管理过程中，要接受政府相关主管部门的监督，为形成有效的监督机制，来保证综合管廊运维管理工作有序的进行，政府主管部门可采取如下措施对运维管理单位的工作进行监督考核：

1. 监督综合管廊运维管理现场

政府主管部门及其代表有权进入管廊项目设施，按照相关规定对管廊项目设施的运营和维护进行监察，也可委托第三方机构开展项目中期评估和后评价。

2. 审核综合管廊运维管理方案

管廊运维单位须建立健全管廊运维方案，政府主管部门对其进行审核并提出指导意见，特别是综合管廊运维管理中的应急管理方案。

3. 备案综合管廊运维管理记录

运维管理单位需定期向政府主管部门提交反映其经营情况的财务报表和运维管理记录，但应予保密，不得向任何第三人泄漏。

政府主管部门对运维单位的考核可以从两个方面开展，一是公司规章制度和管理措施执行考核，二是综合管廊运维的监督检查考核。表 3.6-1 列举出监督考核的主要内容及标准。同时，政府主管部门应对安全事故采取一票否决制，坚决杜绝有重大影响的安全生产事故发生。

监督考核内容及标准　　　　　　　　　　　　　　　　表 3.6-1

序号	考核项目	考核内容
1	规章制度和管理措施	是否建立完善的管廊维护作业管理体系、应急预案及演练体系
		是否建立管廊作业责任制度
		是否建立管廊设施检修计划和维护记录
		是否建立岗位安全操作规程和作业要求
		是否建立管廊运维情况工作记录
2	综合管廊运维监督检查考核	控制中心操作人员是否按照操作规程操作，及时发现事故及各类隐患
		人员登记、巡查调度、维修等记录是否真实、及时、健全
		管廊内附属设施、管线出现故障问题，报告、报检是否及时
		管廊内进行管线巡检、维修和施工是否严格按照规定履行入廊作业管理程序执行，记录是否齐全、真实
		管廊外有影响管廊安全运行的行为时，是否及时发现、制止并报告

3.6.2 内部考核管理原则

绩效考评是在一定期间内科学、动态地衡量员工工作状况和效果的考核方式，通过制定有效、客观的考评制度和标准，对员工进行评定，旨在进一步激发员工的工作积极性和创造性，提高员工工作效率和基本素质。绩效考评使各级管理者明确了解下属的工作状况，通过对下属的工作绩效评估，管理者能充分了解本部门的人力资源状况，有利于提高本部门管理的工作效率，充分调动员工的积极性，不断提高企业整体管理水平和经济效益，确保完成企业的各项工作任务。考核实施的原则如下：

1. 透明原则

考核流程、办法、标准等必须公开、制度化，各岗位人员均应充分了解。

2. 客观原则

考核依据是符合客观事实的，考核结果是以各种统计数据和客观现场为基础，避免由于个人主观因素影响考核结果的客观性。

3. 沟通原则

在进行考核时，被考核者和考核者应进行充分的沟通，听取被考核者对自己工作的评价和意见，使考核结果公正合理。

4. 时效原则

员工考核是对考核期内工作成果的综合评价，不应将本考核期之前的表现强加于本次考核结果中，也不能取近期工作情况取代整个考核期的结果。

本章参考文献：

[1]　胡建江，许超 . 基于流程的企业管理制度体系研究 [J] . 科技创业月刊 2011 (18)：59-61.

第4章 综合管廊土建结构管理

4.1 概述

综合管廊土建结构运维管理包括综合管廊（含供配电室、监控中心）结构及设施管理，内容分为日常巡检与监测、维修保养、专业检测和大中修管理。管廊土建结构运维管理中的日常巡检与监测、维修保养一般由管廊运维单位负责，涉及土建结构主体结构安全或有强制性规定的专业检测项目，由具有相应资质的专业机构进行，大中修一般由专业施工资质单位承担。

土建结构管理应统筹制定管理方案及实施计划，科学合理确定运维管理内容、方法、标准及频次，保障综合管廊安全高效、经济运营。

4.2 日常巡检与监测

综合管廊需要定期对管廊土建结构的运行状态进行日常巡检与实时监测，并形成巡检与监测报告，确保管廊土建结构的安全运行。

4.2.1 日常巡检

土建结构日常巡检对象一般包括管廊内部、地面设施、保护区周边环境、供配电室、监控中心等，检查的内容包括结构裂缝（图 4.2-1）、损伤、变形、渗漏（图 4.2-2）等，通过观察或常规设备检查判识发现土建结构的现状缺陷与潜在安全风险。

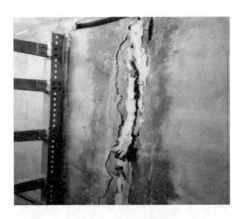

图 4.2-1 土建结构裂缝

土建结构的日常巡检应结合管廊年限、运营情况等合理确定巡检方案、巡检频次，频次应至少一周一次，在极端异常气候、保护区周边环境复杂等情况，宜增加巡检力量、提

图 4.2-2　土建结构渗漏水

高巡检频率。日常巡检应分别在综合管廊内部及地面沿线进行（宜同步开展），对需改善的和对运行有影响的设施缺陷及事故情况应做好检查记录，实地判断原因和影响范围，提出处理意见，并及时上报处理。

综合管廊土建结构日常巡检的主要内容及方法如表 4.2-1 所示。

日常巡检内容及方法　　　　　　　　　　　　　　　　　　　　　表 4.2-1

项目		内　容	方法
管廊主体结构	结构	是否有变形、沉降位移、缺损、裂缝、腐蚀、渗漏、露筋等	目测、尺测
	变形缝	是否有变形、渗漏水，止水带是否损坏等	
	排水沟	沟槽内是否有淤积	
	装饰层	表面是否完好，是否有缺损、变形、压条翘起、污垢等	
	爬梯、护栏	是否有锈蚀、掉漆、弯曲、断裂、脱焊、破损、松动等	
	管线引入（出）口	是否有变形、缺损、腐蚀、渗漏等	
	管线支撑结构	支（桥）架是否有锈蚀、掉漆、弯曲、断裂、脱焊、破损等	
		支墩是否有变形、缺损、裂缝、腐蚀等	
	施工作业区	施工情况及安全防护措施等是否符合相关要求	
地面设施	人员出入口	表观是否有变形、缺损、堵塞、污浊、覆盖异物，防盗设施是否完好、有无异常进入特征，井口设施是否影响交通，已打开井口是否有防护及警示措施	
	雨污水检查井口		
	逃生口、吊装口	表观是否有变形、缺损、堵塞、覆盖异物，通道是否通畅，有无异常进入特征，格栅等金属构配件是否安装牢固，有无受损、锈蚀	
	进（排）风口		
保护区周边环境	施工作业情况	周边是否有临近的深基坑、地铁等地下工程施工	目测、问询
	交通情况	管廊顶部是否有非常规重载车辆持续经过	
	建筑及道路情况	周边建筑是否有大规模沉降变形，路面是否发现持续裂缝	
	监控中心	主体结构是否有沉降变形、缺损、裂缝、渗漏、露筋等；门窗及装饰层是否有变形、污浊、损伤及松动等	目测
	供配电室		

4.2.2　日常监测

管廊土建结构的日常监测是采用专业仪器设备，对土建结构的变形、缺陷、内部应力等进行实时监测（图 4.2-3），及时发现异常情况并预警的运维管理方法。

目前的土建结构日常监测以土建结构结构沉降位移实时监测为主，结合位移值及位移速率判断综合管廊结构稳定特征，对出现日常监测超警戒值情况，需做好检查记录，实地判断原因和范围，提出处理意见，并及时上报处理。

常见的结构沉降监测设备为静力水准系统，其结构一般由静力水准仪及安装架、液体连通管及固定配件、通气连通管及固定配件、干燥管、液体等组成。安装方式分测墩式安装和

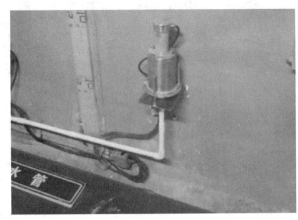

图 4.2-3　管廊沉降监测

墙壁式安装两种，视现场条件和设计要求选定。目前在我国推广应用的静力水准仪技术中主要使用的传感器为振弦式、电容式、光电式等。

4.2.3　综合管廊的保护区管理

综合管廊的保护区管理是指在综合管廊主体结构四周以及综合管廊地面设施的周边划定的，为保障综合管廊安全运营的区域[1,2]。区域划分范围如下：

（1）综合管廊地下主体结构外边线左右两侧 50m 内，上至地面，基础底侧向下 30m 范围内；

（2）出入口、通风口等地面建构筑物结构外边线侧 20m 范围内；

（3）监控中心结构外边线四周侧 30m 内，基础底侧向下 30m 范围内；

当城市地下综合管廊控制保护区遇特殊的工程地质或外部作业时，应适当扩大城市控制保护区范围。外部作业的安全控制应包括外部作业影响等级、净距控制指标、结构安全控制指标等内容。外部作业为深基坑、隧道、大型顶管工程等，应根据外部作业与综合管廊的接近程度，以及工程影响确定其影响等级；外部作业净距控制值，一般综合考虑外部作业类型及综合管廊既有结构类型，一般可参照表 4.2-2 进行。结构安全控制指标主要包括位移、变形、渗漏、差异沉降、结构裂缝、振动频率等，控制值需结合管廊运维要求、外部作业特点、既有结构特征等因素综合确定。

外部作业净距控制值（推荐）　　　　　　　表 4.2-2

外部作业类型	工法	净距控制值（m）
基础桩	人工挖孔、旋挖施工	3
基坑围护桩（墙）		9
锚杆（索）端头	—	6
地基处理	冲孔、振冲、挤土	20
爆破	浅孔爆破	20

注：爆破的控制距离应根据专项评估成果确定。

4.3　维修保养

运维单位在管廊日常运维过程中，应结合日常巡检与监测情况对管廊土建结构进行维修保养，建立维保记录，并定期统计易损耗材备件消耗及其他维修情况，分析原因，形成总结报告。

土建结构结构维修保养工作由运维单位实施，主要包括经常性或预防性的保养和小规模维修等内容，以恢复和保持土建结构的良好使用状态。

4.3.1　土建结构保养

土建结构保养以管廊内部及地面设施为主，主要包括管廊卫生清扫、设施防锈处理等，具体内容如表 4.3-1 所示。

土建结构的保养内容 表 4.3-1

项　目		内　容
管廊内部	地面	清扫杂物，保持干净
	排水沟、集水坑	淤泥清理
	墙面及装饰层	清除污点，局部粉刷
	爬梯、护栏、支(桥)架	除尘去污，防锈处理
地面设施	人员出入口	清扫杂物，保持干净通畅
	雨污水检查井口	
	逃生口、吊装口	
	进(排)风口	除尘去污，防锈处理，保持通畅
	监控中心	清扫杂物，保持干净
	供配电室	

4.3.2　土建结构维修

综合管廊土建结构的维修主要针对混凝土（砌体）结构的结构缺陷与破损、变形缝的破损、渗漏水、构筑物及其他设施（门窗、格栅、支（桥）架、护栏、爬梯，螺丝）松动或脱落、掉漆、损坏等，以小规模维修为主[3]，具体见表 4.3-2。

土建结构主要维修内容 表 4.3-2

维修项目	内　容	方　法
混凝土(砌体)结构	龟裂、起毛、蜂窝麻面	砂浆抹平
	缺棱掉角、混凝土剥落	环氧树脂砂浆或高强度等级水泥砂浆及时修补，出现露筋时应进行除锈处理后再修复
	宽度大于 0.2mm 的细微裂缝	注浆处理，砂浆抹平
	贯通性裂缝并渗漏水	注浆处理，涂混凝土渗透结晶剂或内部喷射防水材料
变形缝	止水带损坏、渗漏	注浆止水后安装外加止水带

续表

维修项目	内　　容	方　　法
钢结构管廊	钢管壁锈蚀	将锈蚀面清理干净后,采取防锈措施
	焊缝断裂	焊接段打磨平整,并清理干净后,采取措施
构筑物及其他设施	门窗、格栅、支(桥)架、护栏、爬梯、螺丝松动或脱落、掉漆、损坏等	维修、补漆或更换等
管线引入(出)口	损坏、渗漏水	柔性材料堵塞、注浆等措施

4.3.3　管廊渗漏水治理措施

管廊运维中常见的工程问题为渗漏水,虽然小规模的地下水侵渗综合管廊不至于短期内产生严重后果,但会增加排水设施的启动次数,同时会增加管廊内空气的湿度,降低管廊内管线和附属设施设备的工作寿命。

综合管廊的防渗止漏设计原则是"放、排、截、堵相结合,刚柔相济,因地制宜,综合治理"。根据实际管廊的运维经验,在变形缝、施工缝、通风口、吊装口、出入口、预留口、管线分支口等部位,是渗漏设防的重点部位,日常运维中应重点关注。

在制定渗漏水治理方案前需搜集下列资料[4]:

(1)原设计、施工资料,包括防水设计等级、防排水系统及使用的防水材料性能、试验数据;

(2)工程所在位置周围环境的变化;

(3)渗漏水的现状、水源及影响范围;

(4)渗漏水的变化规律;

(5)结构的损害程度;

(6)运营条件、季节变化、自然灾害对工程的影响;

(7)结构稳定情况及监测资料。

管廊渗漏水的治理方案应包括:渗漏水的原因分析、治理措施,及所用材料技术性能等内容,渗漏水治理应由具有防水工程施工资质的施工队伍施工。管廊中常见的渗漏水治理分成3类[4]:

(1)结构裂缝渗漏水

裂缝渗漏应先止水,再在基层表面设置刚性防水层。刚性防水层沿裂缝走向在两侧一定范围内的基层表面先涂布水泥基渗透结晶型防水涂料,再单层抹压聚合物水泥防水砂浆。常见裂缝渗漏水治理方式见表4.3-3所示。

常见裂缝渗漏水治理方式　　　　　　　　　　　　表4.3-3

水压或渗透量	补强要求	治理方式	材料要求
大	无	注浆孔斜穿裂缝注浆	采用水泥基材料注浆
	有	先钻小斜孔注浆,再钻大斜孔注浆	小斜孔注入聚氨酯材料,大斜孔注入环氧树脂或水泥基材料
小	无	裂缝处切槽,槽内填料阻水	填料为底层速凝型无机堵水材料,上层为含水泥基渗透结晶型防水材料的聚合物水泥防水砂浆
微小	无	贴嘴注浆	环氧树脂材料

（2）变形缝渗漏水

变形缝渗漏应先止水，再安装止水带，必要时可设置排水装置。常见变形缝渗漏水治理方式见表 4.3-4，止水带的类型一般包括胶粘剂粘贴内置式密封止水带，与螺栓固定内置式密封止水带，水压大时宜采用纤维内增强型密封止水带。

常见裂缝渗漏水治理方式　　　　　　　　表 4.3-4

水压或渗透量	止水带情况	治理方式	材料要求
大	无损坏，宽度已知	注浆孔斜穿至迎水面注浆	采用油溶性聚氨酯材料注浆
	局部损坏	变形缝中布置浆液阻断点，注浆封闭	聚氨酯灌浆材料
小	无损坏，宽度已知	注浆孔垂直穿至止水带翼部注浆	聚氨酯灌浆材料

（3）管线分支口渗漏水

管线分支口的渗漏水治理应先止水、再设置刚性防水层，必要时可设置柔性防水层。常见的止水措施见表 4.3-5，止水处理后，在管道周围基层表面涂布水泥基渗透结晶型防水涂料，如为热力管道可在其四周涂布柔性防水涂料，收头部位宜用金属箍压紧，并设置水泥砂浆保护层。

常见管线分支口渗漏水治理方式　　　　　　表 4.3-5

水压或渗透量	工期要求	治理方式	材料要求
大	一般	钻孔斜穿基层至管线表面注浆，或管线根部环形成槽，采用埋管注浆止水	采用聚氨酯材料注浆
小			
小	快速	管线根部环形成槽后填堵水材料	底层填速凝型无机防水堵漏材料，上层用聚合物水泥防水砂浆找平

4.4 专业检测

专业检测是采用专业设备对综合管廊土建结构进行的专项技术状况检查、系统性功能试验和性能测试，土建结构中以结构检测为主，包括渗漏水检测等内容。

土建结构的专业检测一般应在以下几种情况下进行：

（1）经多次小规模维修，结构劣损或渗漏水等情况反复出现，且影响范围与程度逐步增大，应结合具体情况进行专业检测；

（2）经历地震、火灾、洪涝、爆炸等灾害事故后，应进行专业检测；

（3）受周边环境影响，土建结构产生较大位移，或监测显示位移速率异常增加时，应进行专业检测；

（4）达到设计使用年限时，应进行专业检测；

（5）需要进行专业检测的其他情况。

4.4.1 专业检测要求

专业检测应符合以下要求：

（1）检测应由具备相应资质的单位承担，并应由具有综合管廊或隧道养护、管理、设计、施工经验的人员参加；

（2）检测应根据综合管廊建成年限、运营情况、周边环境等制订详细方案，方案应包括检测技术与方法、过程组织方案、检测安全保障、管廊正常运营保障等内容，并提交主管部门批准；

（3）专业检测后应形成检测报告，内容应包括土建结构健康状态评价、原因分析、大中修方法建议，检测报告应通过评审后提交主管部门。

4.4.2　专业检测内容与方法

土建结构的专业检测项目内容应结合现场情况确定，一般主要集中在结构裂缝、结构内部缺陷、混凝土强度、横断面变形、沉降错动、结构应力及渗漏水情况，具体内容及方法如表4.4-1所示[5]。

土建结构专业检测内容及方法　　　　　　　　　　　　　　表4.4-1

项目名称		检验方法	备　注
裂缝	宽度	裂缝显微镜或游标卡尺	裂缝部位全检，并利用表格或图形的形式记录裂缝位置、方向、密度、形态和数量等因素
	长度	米尺测量	
	深度	超声法、钻取芯样	
结构缺陷检测	外观质量缺陷	目视、尺量和照相	缺陷部位全检，并利用图形记录
	内部缺陷	地质雷达法、声波法和冲击反射法等非破损方法，辅以局部破损方法进行验证	结构顶和肩处，3条线连续检测
	结构厚度		每20m（曲线）或50m（直线）一个断面，每个断面不少于5个测点
	混凝土碳化深度	用浓度为1%的酚酞酒精溶液（含20%的蒸馏水）测定	每20m（曲线）或50m（直线）一个断面，每个断面不少于5个测点
	钢筋锈蚀程度	地质雷达法或电磁感应法等非破损方法，辅以局部破损方法进行验证	每20m（曲线）或50m（直线）一个断面，每个断面不少于3个测区
混凝土强度		回弹法、超声回弹综合法、后装拔出法等	每20m（曲线）或50m（直线）一个断面，每个断面不少于5个测点
横断面测量	结构变形	全站仪、水准仪或激光断面仪等测量	异常的变形部位布置断面
	结构轮廓	激光断面仪或全站仪等	每20m（曲线）或50m（直线）一个断面，测点间距≤0.5m
	结构轴线平面位置	全站仪测中线	每20m（曲线）或50m（直线）一个断面
	管廊轴线高程	水准仪测	每20m（曲线）或50m（直线）一个测点
沉降错动		水准仪测、动态监测	异常的变形部位
结构应力		应变测量	根据监测仪器施工预埋情况选做
渗漏水检测		感应式水位计或水尺测量集水井容积差，计算流量	检测时需关掉其他水源，每隔2h读一次数据

土建结构在经历地震、火灾、洪涝等灾害或者爆炸等异常事故后进行的专业检测内容

除按照表 4.4-1 要求外，同时可参照表 4.4-2 执行不同侧重点检测。

土建结构在经历灾害和异常事故后的检查　　　　　表 4.4-2

灾害和异常事故	检查部位		检查项目
地震	主体结构	混凝土构件	开裂、剥离
		钢结构（端部钢板）	变形
	接头	钢板	钢板变形、焊接处损伤
	其他	地面及周边建筑	地面沉陷、周边建筑变形
火灾	主体结构	混凝土构件	开裂、剥离
		钢结构（端部钢板）	变形
	接头	钢板	钢板变形、焊接处损伤
爆炸	主体结构	混凝土构件	开裂、漏水、剥离
		钢结构（端部钢板）	漏水、变形
	接头	钢板	钢板变形、焊接处损伤

4.5　结构状况评价

4.5.1　评价方法

参考隧道养护及城市地下空间运营管理等相关规范[5,6]，针对具体管廊项目，从管廊土建结构（包括监控室、供配电室，及管廊主体）入手，结合"结构裂缝、渗漏水、结构材料劣损、结构变形错动、吊顶及预埋件、内装饰、外部设施"7 个方面的劣损状况，采用最大权重评分法，开展综合管廊的结构健康状况评价。评价人员结合现场实际检测情况，完成土建结构健康状况评定，见表 4.5-1。

参考隧道养护规范[6]，评价采用权重评分方式的计算公式如下：

$$CI = 100 \times \left[1 - \frac{1}{4} \sum_{i=1}^{n} \left(CI_i \times \frac{\omega_i}{\sum_{i=1}^{n} \omega_i} \right) \right] \tag{4.5-1}$$

式中　ω_i——分项权重；
CI_i——分项状况值，值域 0～4。

$$CI_i = \max(CI_{ij})$$

CI_{ij}——各分项检查段落状况值；
j——检查段落号，按实际分段数量取值。

根据综合管廊土建结构劣损状况的重要性不同，界定土建结构各分项权重系数，具体值参照表 4.5-2 所示。

土建结构健康状况评定表　　表 4.5-1

管廊情况	管廊名称		管廊长度		建成时间		运维单位	
评定情况	上次评定等级		上次评定日期		本次评定单位		本次评定日期	
			状况值					
监控中心	编号	结构裂缝	渗漏水	结构材料劣损	结构变形错动	吊顶及预埋件	内装饰	外部设施
	1							
	2							
	3							
	…							
供配电室	编号							
	1							
	2							
	…							
管廊主体结构	里程							
CI_i								
权重 ω_i								
$CI = 100 \times \left[1 - \dfrac{1}{4} \sum\limits_{i=1}^{n} \left(CI_i \times \dfrac{\omega_i}{\sum\limits_{i=1}^{n} \omega_i} \right) \right]$				土建结构评定等级				
运维措施建议								
评定人				负责人				

土建结构各分项权重表　　表 4.5-2

分项	分项权重 w_i	分项	分项权重 w_i
结构裂缝	15	吊顶及预埋件	10
渗漏水	25	内装饰	5
结构材料劣损	20	外部设施	5
结构变形错动	20		

4.5.2　土建结构劣损状况值划分

管廊土建结构中"结构裂缝、渗漏水、结构材料劣损、结构变形错动、吊顶及预埋件、内装饰、外部设施"7 个方面的劣损状况值划分等级界定见表 4.5-3～表 4.5-9。

结构裂缝状况　　　　　　　　　　　　　　　　　　　　　　　表 4.5-3

状况值	劣化状况描述
4	承重结构可见长大贯穿裂缝,裂缝宽度大于 5mm、长度大于 10m
3	承重结构可见贯穿裂缝,裂缝宽度大于 3mm、长度大于 5m
2	承重结构可见非贯穿性裂缝,裂缝影响面积、发育密度较大
1	其他非承重结构混凝土表面有细微裂缝
0	表面无裂缝

土建结构渗漏水状况　　　　　　　　　　　　　　　　　　　　表 4.5-4

状况值	劣化状况描述
4	水突然涌入土建结构,淹没土建结构底部,危及使用安全;对于布设电力线路区段,拱部漏水直接传至电力线路
3	地下结构底部涌水,顶部滴水成线,边墙淌水,造成地下结构底部下沉,不能保持正常几何尺寸,危害正常使用
2	土建结构滴水、淌水、渗水等引起管廊内局部土建结构状态恶化,钢结构腐蚀,养护周期缩短
1	有零星结构渗漏水、雨淋水或结构表面附着凝结水,但不影响土建结构的使用功能,不超过地下工程防水等级Ⅳ级标准
0	无渗漏水

土建结构变形错动状况　　　　　　　　　　　　　　　　　　　表 4.5-5

状况值	劣化状况描述	
	变形或移动	开裂、错动
4	主体结构移动加速;主体结构变形、移动、下沉发展迅速,威胁使用安全	开裂或错台长度 L 大于 10m,开裂或错台宽度 B 大于 5mm,且变形继续发展,拱部开裂呈块状,有可能掉落
3	变形或移动速度 $v>10$mm/年	开裂或错台长度 L 大于等于 5m 且小于等于 10m,但开裂或错台宽度 5mm;开裂或错台主体结构呈块状,在外力作用下有可能崩坍和剥落
2	变形或移动速度 10mm$\geq v>3$mm/年	开裂或错台长度 L 小于 5m 且开裂或错台宽度 B 大于等于 3mm 且小于等于 5mm;裂缝有发展,但速度不快
1	变形或移动速度 3mm$\geq v>1$mm/年	开裂或错台长度 L 小于 5m 且开裂或错台宽度 B 小于 3mm
0	变形或移动速度 $v<1$mm/年	一般龟裂或无发展状态

土建结构材料劣化状况　　　　　　　　　　　　　　　　　　　表 4.5-6

状况值	劣化状况描述		
	钢筋混凝土结构腐蚀	砌块结构腐蚀	钢结构腐蚀
4	主体结构劣化严重,经常发生剥落,危及使用安全;主体结构劣化壁厚为原设计厚度的 3/5,混凝土强度大大下降	廊顶部接缝劣化严重,拱部主体结构有可能掉落大块体(与砌块大小一样)	主体结构锈蚀严重,承重部位局部屈曲、变形严重
3	主体结构劣化,稍有外力或振动,即会崩塌或剥落,对安全使用产生重大影响;腐蚀深度 10mm,面积达 0.3m²;主体结构有效厚度为设计厚度的 2/3 左右	接缝开裂,其深度大于 100mm,主体结构错落大于 10mm	主体结构锈蚀,承重部位出现局部屈曲、变形等现象

续表

状况值	劣化状况描述		
	钢筋混凝土结构腐蚀	砌块结构腐蚀	钢结构腐蚀
2	主体结构混凝土剥落,材质劣化,主体结构壁厚减少,混凝土强度有一定的降低	接缝开裂,但深度小于10mm或砌块有剥落,但剥落体在40mm以下	出现锈蚀,但结构承载能力还未削弱。承重结构有变形等现象,但尚能满足规范要求
1	主体结构有剥落,材质劣化,但不可能有急剧发展	接缝开裂,但深度不大,或砌块有风化剥落,但块体很小	有锈蚀现象,有轻微变形
0	材料完好,基本无劣化		

吊顶及预埋件劣化状况　　　　　表 4.5-7

状况值	劣化状况描述
4	吊顶严重破损、开裂甚至掉落、各种预埋件、悬吊件、爬梯、护栏严重锈蚀或断裂、管线支架桥架和挂件出现严重变形或脱落、管线支座支墩出现严重破损,无法承载管线荷载
3	吊顶存在较严重破损、开裂、变形、各种预埋件、悬吊件、爬梯、护栏较严重锈蚀、管线支架桥架和挂件出现变形、管线支座支墩出现破损,可能影响管线架设安全
2	吊顶存在破损、变形,各种预埋件、悬吊件、爬梯、护栏部分锈蚀、管线支架桥架和挂件出现部分变形、管线支座支墩出现部分破损,尚未影响管线架设安全
1	存在轻微破损、变形、锈蚀,尚未影响管线架设安全
0	完好,基本无劣化

内装饰劣化状况　　　　　表 4.5-8

状况值	劣化状况描述
2	内装饰存在严重缺损、变形、压条翘起、污垢等,影响功能使用
1	存在轻微缺损、变形、压条翘起、污垢等,不影响功能使用
0	无破坏

外部设施劣化状况　　　　　表 4.5-9

状况值	劣化状况描述
2	人员出入口、雨污水检查井口、逃生口、吊装口、进(排)风口、门窗等存在严重变形、结构缺损,格栅等金属构配件锈蚀损坏,影响功能使用
1	存在轻微变形、缺损、锈蚀,不影响功能使用
0	无破坏

4.5.3　健康状况分类及处理措施

　　将综合管廊的健康状况分为 1 类、2 类、3 类、4 类、5 类,各类健康状况的分类及对应的处理措施如表 4.5-10 所示,各类健康状况的分类及对应的健康状况评分（CI）如表 4.5-11 所示。

土建结构健康状态分类及处理措施　　　　　表 4.5-10

结构健康状况分类	对结构功能及使用安全的影响	处理措施
5	结构功能严重劣化,危及使用安全	尽快采取措施(大中修或拆除重建)
4	结构功能严重劣化,进一步发展危及使用安全	尽快采取措施(大中修)
3	劣化继续发展会升至 4 级	加强监视,必要时采取措施(针对性重点维修)
2	影响较少	正常维修(维修保养)
1	无影响	正常保养及巡检(不做处理)

综合管廊的土建结构健康状况评定分类界限值　　　　　表 4.5-11

健康状况评分	土建结构健康状况评定分类				
	1 类	2 类	3 类	4 类	5 类
CI	≥85	≥70,<85	≥50,<70	≥35,<50	<35

土建结构健康状况评定时[6],当管廊土建结构中"结构裂缝、渗漏水、结构材料劣损、结构变形错动"的评价状况值达到 3 或 4 时,对应的土建结构健康状况直接评为 4 类或 5 类。

4.6　大中修管理

综合管廊的大中修一般包括破损结构的修复、消除结构病害、恢复结构物设计标准、维持良好的技术功能状态。

在下列情况下,综合管廊土建结构需要进行大中修:

(1)综合管廊土建结构经专业检测,建议进行大中修的;

(2)超过设计年限,需要延长使用年限;

(3)其他需要大中修的情况。

4.6.1　大中修的要求

管廊的土建结构大中修管理需要符合下列规定:

(1)大中修应由具备相应资质的单位承担,并应由具有综合管廊或隧道养护、施工经验的人员担任负责人。

(2)根据综合管廊建成年限、健康状态、维修原因、周边环境等制订详细维修方案,方案应包括维修技术与方法、过程组织方案、维修安全保障、管廊正常运营保障、周边环境影响等内容。

(3)应根据综合管廊劣损程度、地质条件、处治方案,进行工程风险评估,制定相应的安全应急预案。

(4)管廊土建结构结构在大中修后,土建结构的结构健康状态评价等级要达到 1 级或达到现行规范标准要求。

4.6.2　大中修的内容

土建结构大中修主要内容如表 4.6-1 所示。

土建结构大中修管理的内容及预期效果 表 4.6-1

项目名称		内容	预期效果
裂缝		注浆修补;喷射混凝土等	防止混凝土结构局部劣化
结构缺陷检查	内部缺陷	注浆修补;喷射混凝土等	防止混凝土结构局部劣化
	混凝土碳化	施做钢带,喷射混凝土等	提高结构承载能力
	钢筋锈蚀	施做钢带等	提高结构承载能力
混凝土强度		碳纤维补强;加大截面等	提高结构承载能力
横断面测量	结构变形	压浆处理等	提高周围土体的抗剪强度
	管廊轴线高程	基础加固;地基土压浆等	提高周围岩土体及地基土的抗剪强度
沉降		基础加固;地基土压浆等	提高地基土的承载力
结构应力		碳纤维布补强等	提高结构承载能力
大规模渗漏水		注浆修补;防水补强等	堵水、隔水

本章参考文献：

［1］ 罗凤霞，陈玉清．广州市轨道交通结构安全保护管理与实践［J］．城市轨道交通研究，2016（11）：1-6

［2］ 广东省地方标准．城市轨道交通既有结构保护技术规范 DBJ/T 15-120-2017［S］．（已公示、待出版）

［3］ 上海市工程建设规范．城市综合管廊维护技术规程 DG/TJ 08-2168-2015［S］．上海：同济大学出版社，2015.

［4］ 中华人民共和国行业标准．地下工程渗漏治理技术规程 JGJ/T 212—2010［S］．北京：中国建筑工业出版社，2010.

［5］ 中国工程建设协会标准．城市地下空间运营管理标准 CECS 402：2015［S］．北京：中国计划出版社，2015.

［6］ 中华人民共和国行业标准．公路隧道养护技术规范 JTGH 12—2015［S］．北京：人民交通出版社股份有限公司，2015.

第5章 综合管廊附属设施管理

综合管廊附属设施包括供配电系统、照明系统、消防系统、排水系统、通风系统、监控与报警系统和标识系统等。综合管廊内附属设施设备种类多且分散，对管廊内设施设备进行规范化、精细化的管理，可以提高设备的使用效率、延长设备的使用寿命，进一步为管廊的安全运营提供有力保障。综合管廊内附属设施的管理要求如下：

（1）综合管廊新建、改建、扩建等工程应开展附属设施、设备的验收检查，通过验收后方可投入使用和运营。

（2）综合管廊附属设施管理维护应按照日常巡检与监测、维修保养、专业检测及大中修管理流程进行，制定合理的运维管理计划及方案。

（3）综合管廊附属设施运维作业应按照产品说明书、系统维护手册以及其他相关技术要求实施，同时做好运维记录，形成阶段性总结报告。

（4）综合管廊附属设施的日常巡检与监测、维修养护应由管廊运维管理单位负责，专项检测、大中修宜委托具有相应资质的服务机构实施。

（5）综合管廊附属设施的日常巡检与监测宜在土建工程巡检与监测过程中同步进行，维修保养、专项检测及大中修的频次应结合附属设施各专业特点及时开展。

5.1 供配电系统

5.1.1 日常巡检与监测

供配电系统日常巡检与监测主要包括对供配电系统内变压器、高压柜、低压（箱）、供电线缆和桥架等进行的日常巡检和对变压器、高压柜等重要设备运行状态的实时监测。

1. 日常巡检

日常巡检主要采用目测方式对管廊内变压器、高压柜、低压柜（箱）、供电线缆和桥架等设施设备外观及运行状态指示（图 5.1-1～图 5.1-4）等直观属性进行巡视。在巡检中应做好巡检记录，对于巡检中发现的设备故障应及时通知维修人员进行维修。

图 5.1-1　变压器运行温度　　　图 5.1-2　高压柜运行状态

图 5.1-3 低压柜运行状态指示　　　图 5.1-4 配电箱运行状态指示

供配电系统内主要设备的日常巡检内容及采用的方法见表 5.1-1。

供配电系统主要设备巡检内容及方法　　　　　　　表 5.1-1

项目	巡检内容	方法
变压器	温度是否在规定范围内	观察变压器温度指示表值
	运行时有无振动、异响及气味	观察判断
高压柜	运行时有无异响及气味	观察判断
	屏面指示灯、带电显示器及分、合闸指示器是否正常	观察高压柜屏面指示灯的工作状态
直流屏	直流电源装置上的信号灯、报警装置是否正常	观察各信号灯工作状态
低压柜	运行时有无异响及气味	观察判断
	运行时三相负荷是否平衡、三相电压是否相同	观察柜面电流表、电压表值，并做好记录
电容补偿柜	运行时有无异响及气味	观察判断
	三相电流是否平衡，功率因素读数是否在允许值内	观察柜面电流表、功率因素表值，并做好记录
供电线缆和桥架	桥架有无脱落，外露电缆的外皮是否完整，支撑是否牢固	观察判断

2. 日常监测

日常监测是采用监控系统对供配电系统内设备运行状态进行监测，以便及时发现设备运行异常。日常监测主要内容如下：

（1）管廊内变压器、高压柜、主要低压进线柜等供配电设备运行状态及负荷情况；

（2）不间断电源（UPS）、应急电源（EPS）及应急配电箱运行状态及故障报警信号；

（3）供配电系统漏电情况。

5.1.2　维修保养

1. 维护管理

供配电系统为管廊内设备提供了电能，对于保证管廊的正常运行具有十分重要的意义，通过对供配电设备的缺陷和异常情况监视，及时发现设备运行中出现的缺陷、异常情况和故障，并及时采取相应的措施防止事故的发生和扩大，从而保证管廊供电系统安全可靠的运行。供配电系统内主要设备维护管理内容、要求及方法见表 5.1-2。

供配电系统主要设备维护管理内容、要求及方法　　　　　表 5.1-2

项目	内容	要求	方法
变压器	绝缘检查	内部相间、线间及对地绝缘符合要求	兆欧表测量电阻值
	接线端子	无污染、松动	清洁、紧固
高压柜	真空断路器	固定牢固无松动，外表清洁完好，分合闸无异常	紧固、清洁、分合闸功能测试
	"五防"功能	工作正常	进行手车、一二次回路、联锁机构等功能测试
	接线端子	无烧毁或松动	观察判断、紧固
	微机综保	上下级联动协调	检查校验各定值参数
PT柜	高压互感器	外表清洁完好，绝缘良好	观察、清洁；用兆欧表测量绝缘电阻值
	避雷器	接地装置无腐蚀	观察、清洁
高压计量柜	电流互感器	外表清洁完好，绝缘良好	观察、清洁；用兆欧表测量绝缘电阻值
	计量仪表	计量是否准确	计量仪表标定
电容器柜	电力电容	无漏油、过热、膨胀现象，绝缘正常	观察判断；用兆欧表测量绝缘电阻值
	接触器	触头无烧损痕迹、闭合紧密	观察判断，紧固
	熔断器	无烧损痕迹	观察判断
低压柜	断路器	引线接头无松动，触头无烧损、绝缘良好，分合闸工作正常	观察判断、紧固；分合闸动作测试
	接触器	触头无烧损痕迹、闭合紧密	观察判断、紧固
	互感器	绝缘良好	用兆欧表测量绝缘电阻值
	熔断器	无烧损痕迹	观察判断
	热继电器	引线接头无松动，触头无烧损	紧固、观察判断
	接线端子	无松动	
电力电缆		绝缘层无破损	观察判断
桥架		接地良好	接地电阻测量仪测量接地电阻
防雷接地设施	防雷装置	浪涌保护器工作正常，防雷装置安装牢固，连接导线绝缘良好	观察判断、紧固
	接地装置	接地电阻满足设计要求	接地电阻测量仪测量接地电阻

2. 常见故障与处理措施

供配电系统中主要设备常见故障与处理措施见表 5.1-3。

供配电系统中主要设备常见故障及处理措施　　　　　表 5.1-3

故障现象	故障原因	处理措施
变压器运行异常	(1)管廊内下游用电设备负荷过高，超过了变压器额定负荷容量； (2)变压器内部电器元件老化和损坏	及时关闭部分用电设备，开启通风降温设备。必要时应该停电，检查各元器件的工作情况，及时对损坏和老化的部分进行更换
断路器自动跳闸	(1)设备用电负荷太大，超过了断路器额定值； (2)电路老化，部分位置由于温度过高，发生烧断或者短路； (3)开关老化，引起闭合故障	降低用电负荷、更换部分老化电缆和断路器

故障现象	故障原因	处理措施
发电机无法正常运行	(1)长期不用,导致发电机内部局部零件老化或生锈; (2)冷却水不够,无法满足设备运行的降温要求; (3)发电机电缆连接不牢固,导致启动电阻过大,无法开启; (4)发电机内部的蓄电池馈电或其他故障,导致无法通电	及时对以上原因分别进行排查,对于老化和无法满足设备运行的零部件,进行更换或调整
双电源回路无法切换	对于管廊中某些采用双电源供电的二级负荷,使用过程中,可能发生电路无法切换,或切换之后电路无法正常供应。主要是双回路电源的设置不完善,切换器发生短路、工作人员操作不当、备用电源的配电器发生损害等	应及时对相关设备进行检修,如果短期内无法修好,可以启动柴油发电机组应急

5.1.3　大中修管理

供配电系统可根据设备的运行状态数据和分析报告,并参照系统的设计说明和使用手册来安排大中修专项工程。供配电设备的使用年限一般为25年。

5.2　照明系统

5.2.1　日常巡检与监测

照明系统日常巡检与监测的内容包括对照明灯具外观的日常巡视和灯具开关状态的实时监测。

图 5.2-1　正常照明开启

1. 日常巡检

日常巡检主要采用目测方式对管廊内照明灯具的开启状态（图 5.2-1）及外观等直观属性进行巡视。在巡检中应做好巡检记录,对于巡检中发现的灯具故障应及时通知维修人员进行维修。

照明系统的日常巡检内容及采用的方法见表 5.2-1。

照明系统日常巡检内容及方法　　　　表 5.2-1

项目	巡检内容	方法
正常照明灯具	灯具防护罩有无破损,灯具固定是否牢固	观察判断
应急照明灯具	灯具运行状态是否正常	
	灯具防护罩有无破损,灯具固定是否牢固	

2. 日常监测

日常监测主要通过监控系统与管廊内各分区 ACU 控制箱、照明配电箱进行信号交换,实现对管廊内照明灯具开关状态的监测和联锁控制(图 5.2-2)。

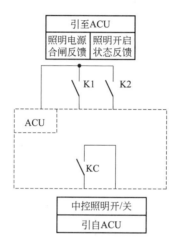

图 5.2-2　ACU 控制箱与照明配电箱的接口

5.2.2　维修保养

1. 维护管理

综合管廊内照明系统的维护应注意系统控制功能是否保持完好,各分区手动控制功能有效、可靠。对于管廊内的常用照明灯具应该正常工作,能够满足安全巡检亮灯率应不小于 98%。照明灯具的维护管理内容、要求及方法见表 5.2-2。

照明系统维护管理内容、要求及方法　　　　表 5.2-2

项目	内容	要求	方法
正常照明	控制功能	满足运行要求	利用监控系统进行控制功能及联动功能测试
应急照明	控制功能		切断正常电源,进行切换功能测试
	后备电池		

2. 常见故障与处理措施

综合管廊内照明灯具普遍采用荧光灯,荧光灯常见故障及处理方法见表 5.2-3。

荧光灯常见故障及处理方法[1]　　　　　　　表 5.2-3

故障现象	故障原因	处理措施
灯管不亮或者灯光闪烁	电源电压过低	检查供电设备及线路
	接线错误或者灯座与灯管接触不良	检查线路和接触点
	启辉器损坏	更换启辉器
	镇流器损坏或内部接线松脱	调换或修理镇流器
	灯丝熔断	检查后更换灯管
镇流器有杂声或电磁声	镇流器质量差或内部松动	调换镇流器
	镇流器过载或其内部短路	检查过载原因,调换镇流器
	启辉器不良,启动时有杂声	调换启辉器
	电压过高	设法调整电压
镇流器过热	电源电压太高	适当调整
	镇流器线圈匝间短路	处理或更换
	与灯管配合不当造成过载	检查调换
	灯光长时间闪烁	检查闪烁原因并修复

5.3 消防系统

5.3.1 日常巡检与监测

消防系统日常巡检与监测主要包括对消防系统内防火门、灭火器材等设施设备的日常巡检和对消防设备运行状态的实时监测。

1. 日常巡检

日常巡检主要采用目测方式对管廊内防火门、灭火器材等设施设备的直观属性进行巡视。在巡检中应做好巡检记录(图 5.3-1),对于巡检中发现的消防设施设备故障应及时通知维修人员进行维修。从事消防设施巡查的人员,应通过消防行业特有工种职业技能鉴定,持有初级技能以上等级的职业资格证书。

图 5.3-1　灭火器巡检记录

消防系统内主要设备日常巡检的内容及采用的方法见表 5.3-1。

消防系统日常巡检内容　　　　　　　　　　　　　　表 5.3-1

项目	巡检内容	方法
防火分隔	防火门有无脱落,歪斜	
	防火封堵有无脱落或破损	
干粉灭火系统	灭火控制器工作状态	
	灭火剂存储装置外观	
	紧急启/停按钮、警报器、喷嘴外观	
	防护区状况	
细水雾灭火系统	灭火控制器工作状态	
	储气瓶和储水瓶(或储水罐)外观,工作环境	
	高压泵组、稳压泵外观及工作状态,末端试水装置压力值(闭式系统)	观察判断
	紧急启/停按钮、释放指示灯、报警器、喷头、分区控制阀等组件外观	
	防护区状况	
防排烟系统	防火阀外观及工作状态	
	挡烟垂壁及控制装置外观及工作状况	
灭火器	外观	
	数量	
	压力表、维修指示	
	设置位置状况	

2. 日常监测

日常监测主要对消防系统内设备运行状态进行监测,实时显示管廊内防火门、防火阀以及自动灭火等设备的工作状态和动作状态。消防系统的实时监测内容可参照现行《消防控制室通用技术要求》GA767 的规定执行。

5.3.2　专业检测

按照现行行业标准《建筑消防设施检测技术规程》GA503 的规定,综合管廊内消防系统应每年至少检测一次,检测对象包括全部系统设备、组件等,专业检测应交予具有相应资质的单位进行。

5.3.3　维修保养

1. 维护管理

消防系统的维护保养主要针对采用细水雾灭火系统的设备开展的,具体的维护管理内容、要求及方法见表 5.3-2。

细水雾灭火系统维护管理的内容、要求及方法　　　　　　　表 5.3-2

项目	内容	要求	方法
细水雾消防泵	外观检查	清洁	擦洗,除污
	泵中心轴	轴转动灵活,无卡塞	长期不用时,定期盘动
	主回路、控制回路	接线、联锁控制　是否满足要求	测试、检查、紧固
	水泵	密封性检查	检查或更换盘根填料
	机械	润滑	加 0 号黄油
管道	外观	无锈蚀,掉漆	补漏、除锈、刷漆
阀门	密封性、润滑检查	密封性及润滑良好	加或更换盘根、补漏、除锈、刷漆、润滑

2. 常见问题与处理措施

管廊内采用细水雾方式灭火的消防系统常见问题与处理措施见表 5.3-3。

细水雾灭火系统常见问题与处理措施　　　　　　　　表 5.3-3

故障现象	故障原因	处理措施
泵组连接处有渗漏	连接件松动或损坏	紧固或更换连接件
	连接处 O 形圈或密封垫损坏	更换 O 形圈或密封垫
泵组出口压力低	泵组进线电源反相	调整泵组进线电源相序
	高压泵损坏	更换高压泵
	泵组测试阀未关闭	关闭泵组测试阀
	使用流量超出额定值	在泵组额定值内工作
泵组不启动	高压泵泵组控制回路故障	检查泵组接触器控制二次回路
	断水水位保护	恢复调节水箱水位
稳压泵频繁启动	管道有渗漏	修补管道渗漏点
	安全泄压阀密封不好	检修安全泄压阀
	测试阀未关紧	关紧测试阀
	单向阀密封垫上粘连杂质	清洗单向阀、水箱及管道
电动阀门不动作	电源接线接触不良	检查阀门控制回路
	电动装置烧毁或短路	更换电动装置
	阀芯内混入杂质卡死	清洗阀芯
压力开关报警	高压球阀渗漏	更换密封垫并清洗管道
	高压球阀未关闭到位	用手柄将电动阀关闭至零位
	压力开关未复位或损坏	复位或更换压力开关

5.3.4　大中修管理

消防系统应根据专业检测分析报告,并参照系统的设计说明和使用手册来安排大中修专项工程。消防设备的使用年限一般为 10～15 年,消防灭火器材的使用年限一般为 5～10 年。

5.4　通风系统

5.4.1　日常巡检与监测

通风系统日常巡检与监测主要包括对通风系统内风机、风阀以及风管等设备的日常巡检和对风机、风阀运行状态的实时监测。

1. 日常巡检

日常巡检主要采用目测方式对风机、风阀以及风管等通风设施设备的直观属性进行巡视。在日常巡检中应做好巡检记录，对于巡检中发现的设备故障应及时通知维修人员进行维修。通风系统内设备的日常巡检内容及采用的方法见表 5.4-1。

通风系统日常巡检内容　　　　　　　　　　　　表 5.4-1

项目	巡检内容	方法
风口、风管系统	固定部件有无脱落，歪斜	观察判断
	风口、风管外观有无破损、锈蚀	
	风口处有无异物堵塞、通风是否通畅	
风机系统	风机运转有无异响	
	风机运行有无异动	
空调系统	内、外机表面是否整洁	
	固定件是否有松动移位	
	制冷制热效果是否达到要求	

2. 日常监测

日常监测主要通过监控系统与管廊内各分区 ACU 控制箱、风机就地箱进行信号交换实现对风机、风阀运行状态进行监测与联锁控制（图 5.4-1）。

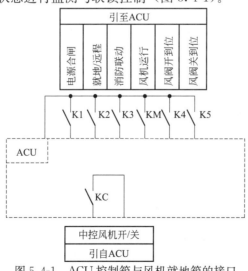

图 5.4-1　ACU 控制箱与风机就地箱的接口

通风系统的联锁控制可分为正常状态下通风、排除余热通风、巡视检修通风和事故通风。

（1）正常状态下通风，综合管廊内温度<38℃，各防火分区两端防火门常开，各风机关闭，进、排风口处百叶及防火阀常开，形成自然循环。

（2）排除余热通风，当综合管廊内某防火分区温度≥40℃，由控制中心自动开启防火分区内相关风机及风阀，进行消除管廊内余热通风；待该防火分区温度降至38℃，自动关闭相应风机及风阀。

（3）巡视检修通风，当巡视检修人员进入综合管廊前，需开启相应区间的风机及风阀、进行通风换气，直至巡检结束，以确保工作人员健康安全。

（4）事故通风，天然气舱室内天然气浓度达到其爆炸下限浓度值（体积分数）20%时，应启动事故段分区及相邻分区的事故通风设备。

5.4.2　维修保养

1. 维护管理

通风系统应根据存在的问题和故障，进行及时维修；并依照相关规范和设备的使用要求进行定期的保养。通风系统的维护管理内容、要求及方法见表 5.4-2。

通风系统维护管理内容、要求及方法　　　　　　　　表 5.4-2

项目	内容	要求	方法
通风口、风管系统	风口、风管紧固	组件、部件安装稳固，无松动移位，与墙体结合部位无明显空隙	观察、紧固
	风口、风管校正	无破损、锈蚀	观察、保洁、补漆
	锈点补漆		
	支架全面防腐处理		
	风管焊接查漏		
	锈蚀紧固件更换		
	风道异物清理	通风畅通无异物阻塞、无漏风现象	观察判断
	风管漏点补焊		
风机系统	盘动电机有无异响	运行平稳，无异响、异味情况	观察判断
	电机通风状况是否良好		
	传动轴承润滑情况		
	风机保养		
	线路配接情况	电机及机壳接地电阻≤4Ω	紧固，使用接地电阻测试仪测试接地电阻
	接地装置的可靠性		
	保护装置是否有效		
	测试电机绝缘电阻	风机外壳与电机绕组间的绝缘电阻>0.5MΩ	用兆欧表测量电阻
排烟防火阀	表面防锈处理	表面无锈蚀，启动与复位操作应灵活可靠，关闭严密	观察、保洁、加润滑油
	铰链、转轴润滑		
	信号传输	反馈信号应正确	与监控系统联动测试

项目	内容	要求	方法
空调系统	清洗过滤网	机体干燥、无积尘、运行正常	保洁
	清洗风道		保洁
	添加制冷剂		
	系统全面检查		保养

2. 常见问题与处理措施

风机是通风系统中最重要的部件，风机分为排风（兼排烟）风机和送风风机两种。在实际运行中风机常见故障及排除方法见表 5.4-3。

风机常见问题与处理措施　　　　表 5.4-3

故障现象	故障原因	处理措施
风机振动剧烈	叶轮变形或不平衡	更换叶轮
	轴承磨损严重，叶轮同轴度偏差过大	更换轴承，调整同轴度
	固定螺栓松动	紧固固定螺栓
电动机温度过高	风机转动部件或电源问题	检查风机转动部件或电源电压
	流量过大或负压过高	重新设计安装风管
轴承温度过高	轴承润滑不良	添加或更换润滑油
	风机轴与电机轴不同心	调整同心
	轴承损坏	更换
噪声过大	叶轮与进风口或机壳摩擦	调整平衡或更换叶片或叶轮
	轴承部件磨损，间隙过大	更换或调整
	转速过高	降低转速或更换风机
叶轮与进风口或机壳摩擦	轴承在轴承座中松动	紧固
	叶轮中心未在进风口中心	查明原因，调整
	叶轮与轴的连接松动	紧固
	叶轮变形	更换
出风量偏小	叶轮旋转方向反了	调换电动机任意两根电源接线
	阀门开度不够	开大到合适开度
	转速不够	检查电压、轴承
	进风或出风口、管道堵塞	清除堵塞物
	叶轮与轴的连接松动	紧固
	叶轮与进风口间隙过大	调整到合适间隙

5.4.3　大中修管理

通风系统大中修主要是针对风机而言，风机的更换应根据风机的使用寿命来确定，一般取 10 年/次更换频率。

5.5 排水系统

5.5.1 日常巡检与监测

排水系统日常巡检与监测主要是对排水系统内水泵、排水管道及阀门等设备开展的日常巡检和对水泵、液位运行状态的实时监测。

1. 日常巡检

日常巡检主要采用目测方式对排水管道、阀门等设施设备的直观属性进行巡视。在日常巡检中应做好巡检记录,对于巡检中发现的设备故障应及时通知维修人员进行维修。排水系统内设备的日常巡检内容及采用的方法见表 5.5-1。

排水系统日常巡检内容

表 5.5-1

项目	巡检内容	方法
管道、阀门	钢管、管件外表是否有锈蚀,评估是否需补漆	观察判断
	钢管、管件是否有泄漏、裂缝及变形	
	防腐层是否有损坏	
	管道接口静密封是否泄漏	
	查看支、吊架是否有明显松动和损坏	
	查看阀门处是否有垃圾及油污	
水泵	查看潜水泵潜水深度	
	检查水泵负荷开关、控制箱外观是否破坏及异常	
	查看连接软管是否松动或破损	
	水泵运行时听有无异响,观察有无异常	
水位仪	外观检查是否损坏	
	观察安装是否稳固	
	信号反馈是否正常	
	观察接线是否正常	

2. 日常监测

日常监控主要通过监控系统与管廊内各分区 ACU 控制箱、水泵就地箱进行信号交换,对水泵、水位仪运行状态进行监测(图 5.5-1),发现系统中设备的故障,以便及时安排维修。排水系统的实时监测应满足以下要求:

(1)管廊内集水坑中水泵的启停水位、报警水位等进行监测;

(2)管廊内水泵就地/远程状态监视、启停控制、运行状态显示、故障报警。

5.5.2 维修保养

1. 维护管理

综合管廊排水系统主要包括的设备有:排污泵、阀门、管道、水位仪、地漏等设备,其主要功能为清除综合管廊内渗漏水及汛期排涝和应急抽水。排水系统维护管理内容、要求及方法见表 5.5-2。

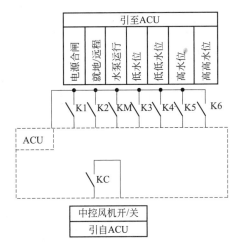

图 5.5-1　ACU 箱与水泵就地箱接口

排水系统维护管理内容、要求及方法　　　　　　　　　表 5.5-2

项目	内容	要求	方法
管道	金属管道	保持通畅	检查,疏通,必要时更换
阀门	阀门保养	1)检查阀门的密封性和阀杆垂直度,调整闸板的位置余量; 2)检查闸杆等零部件的腐蚀、磨损程度,发现损坏则更换或整修; 3)清除垃圾及油污,并加注润滑脂; 4)敲铲油漆(一底二面)	检查、保洁、加润滑油、补漆
水泵	检查运行　电压电流值	测量或读取,有异常应维修	用万用表测量电压、电流
水泵	水泵负荷　开关检查	试车是否正常	观察判断
水泵	水泵安装情况检查和密封性	有松动、渗漏应紧固、调整	观察、紧固
水泵	轴承润滑	清洗,加注润滑脂	保洁
水泵	叶轮清理		清除异物,冲洗
水泵	水泵外壳防腐		除锈,防腐
水泵	水泵电机绝缘电阻	电机外壳与电机绕组间的绝缘电阻>0.5MΩ	兆欧表测量绝缘电阻
水位仪	校验	调整、功能检查及校验	与监控系统联动控制测试

2. 常见问题与处理措施

综合管廊排水系统中,最核心的设备是排水泵,排水泵常见问题与处理措施见表 5.5-3。

排水泵常见问题与处理措施[2]　　　　　　　　　表 5.5-3

故障现象	故障原因	处理措施
泵体剧烈振动 或产生噪声	水泵底座安装螺栓松动	紧固安装螺栓
泵体剧烈振动 或产生噪声	电机轴承损坏	更换电机轴承
泵体剧烈振动 或产生噪声	出水阀门不能打开	对阀门进行维护
泵体剧烈振动 或产生噪声	水泵下端耐磨垫圈损坏严重或者被杂物堵塞	更换耐磨垫圈,清理杂物

续表

故障现象	故障原因	处理措施
电机电流长时间超过额定值	电源电压过高	检查电机电源电压
	水泵内部动静部件产生擦碰或叶轮与密封圈摩擦	检查水泵转动部件
排水泵绝缘电阻偏低	密封圈磨损或老化	更换密封圈并烘干电机
	电源线或者信号线破损引起进水	更换电源线或信号线

5.5.3 大中修管理

排水系统无法满足清除管廊内渗漏水、汛期排涝和应急抽水的要求或达到设备的建议使用年限应安排大中修专项工程。

5.6 监控与报警系统

5.6.1 日常巡检与监测

监控与报警系统日常巡检与监测主要包括对系统内各子系统设备的日常巡检[3]和设备运行状态的实时监测。

1. 日常巡检

监控与报警系统各子系统设备的日常巡检内容如下：

（1）监控中心机房巡检的主要内容有机房值班及巡检、机房内设备和机房环境巡检、机房供电和接地巡检等。监控中心机房日常巡检内容见表 5.6-1。

监控中心机房日常巡检内容 表 5.6-1

项目	巡检内容	方法
日常值班	检查机房内各类设备的外观和工作状态,并形成巡检日志	观察设备工作指示灯状态
监控与报警	设备运行状态和管廊内环境参数	观察管廊综合监控系统工作状态
门禁	门禁功能是否正常	门禁系统功能测试
UPS电源检查	交流、直流供电是否稳定可靠	观察UPS显示控制操作面板,确认液晶显示面板上的各项图形显示单元都处于正常运行状态,所有运行参数都处于正常值范围内
	UPS电源是否符合机房设备供电要求,容量和工作时间满足系统应用需求	
	电气特性是否满足机房设备的技术要求	
网络安全	防火墙、入侵检测、病毒防治等安全措施是否可靠,是否有外来入侵事件发生	查看运行日志
	网络安全策略是否有效	

（2）环境与设备监控系统的日常巡检内容包括服务器、工作站、现场区域控制箱（ACU）以及传感器等，环境与设备监控系统日常巡检内容及方法见表 5.6-2。

环境与设备监控系统日常巡检内容　表 5.6-2

项目	巡检内容	方法
服务器	服务器运行状态检测是否良好	观察服务器运行状态指示灯,查看服务器操作系统运行日志
	CPU 利用率是否小于 80%	
	硬盘空间利用率是否小于 70%	
工作站	工作站性能是否良好	检查工作站操作系统
软件系统	是否运行正常	查看软件运行状态或运行日志
ACU 箱	外观是否锈蚀、变形	观察判断
传感器	有无破损、缺失	
	工作状态是否正常	

（3）安全防范系统由监控中心的服务器、存储设备、控制设备、光纤传输设备、现场安装的摄像机、入侵检测设备、电子井盖、门禁等组成,安全防范系统的日常巡检内容及方法见 5.6-3。

安全防范系统日常巡检内容　表 5.6-3

项目	巡检内容	方法
服务器	同表 5.6-2	同表 5.6-2
存储设备	存储设备是否工作正常、存储空间是否充足	观察存储设备运行指示灯,查看运行日志
控制设备	画面质量是否清晰、切换功能是否正常、是否有积灰、设备工作是否正常	观察,测试
摄像机	画面质量是否清晰、录像和变焦是否正常、插接件连接是否良好	
光纤传输设备	光纤是否连接良好	
入侵检测设备	入侵检测是否已正常开启	
	报警设备工作状态是否正常	
电子井盖	开/关状态是否正常	
门禁	同表 5.6-1	同表 5.6-1

（4）火灾自动报警系统包括火灾报警控制器、火灾显示盘、火灾探测器、可燃气体探测器、可燃气体报警控制器、电气火灾探测器等,火灾自动报警系统日常巡检内容及方法见表 5.6-4。

火灾自动报警日常巡检内容　表 5.6-4

项目	巡检内容	方法
火灾自动报警系统	火灾探测器、手动报警按钮外观及运行状态	观察判断
	火灾报警控制器、火灾显示盘运行状况	
	消防联动控制器外观及运行状况	
	火灾报警装置外观	
	系统接地装置外观	
可燃气体报警系统	可燃气体探测器外观及工作状态	
	报警主机的外观及运行状态	
电气火灾监控系统	电气火灾监控探测器的外观及工作状态	
	报警主机外观及工作状态	

（5）通信系统包括固定电话通信系统、无线通信系统等。通信系统的日常巡检内容及方法见表 5.6-5。

通信系统日常巡检内容　　　　　　　　　　　　　　　　表 5.6-5

项目	巡检内容	方法
性能和功能	设备运行情况是否正常	查看设备运行状态指示灯
网络安全	设备告警显示检查、网络安全管理日志检查	运行日志检查
无线信号	无线信号发射器工作是否正常	测试
通话质量	通话是否正常、清晰	测试

2. 日常监测

日常监测主要通过监控系统对系统内区域控制器、传感器、网络设备、视频设备等运行状态进行监测（图 5.6-1）。

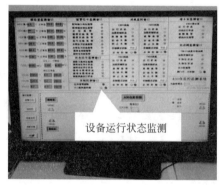

图 5.6-1　设备运行状态监测

监控与报警系统的日常监测应满足以下要求：

（1）对管廊内通风系统、排水系统、供配电系统和照明系统进行集中监控；

（2）对管廊内沿线、设备集中安装地点、人员出入口、变配电间和监控中心等场所进行图像信息的实时采集，并对外来非法入侵行为进行报警联动控制；

（3）能显示管廊内沿线火灾报警控制器、火灾探测器、手动火灾报警按钮的工作状态、运行故障状态等相关信息，并进行联动控制；

（4）能接收管廊内沿线可燃气体报警系统、电气火灾监控系统的报警信号，并应显示相关联动信息。

5.6.2　专业检测

火灾自动报警系统应每年进行一次专业检测，检测对象包括系统内全部设备、组件等，同时应符合现行《建筑消防设施的检测技术规程》GA503 的规定。

5.6.3 维修保养

1. 维护管理

监控与报警系统的维护管理包括各子系统内设施设备，如监控中心机房、环境与设备监控设备、安全防范设备、报警与预警设备和通信设备等的维护[3]。

（1）监控中心机房的维修管理内容、要求及方法如表 5.6-6 所示。

监控中心维护管理内容、要求及方法 表 5.6-6

项目	内容	要求	方法
公用设施	机房内防尘、防静电设施	防尘、防静电设施完好	观察、清洁
	消防灭火器材	消防灭火器材完好	消防年检
UPS电源	蓄电池	测量记录容量、电压,容量不足及时更换	观察 UPS 运行参数、用万用表测量电池电压
机房环境	设备检查、清扫,风扇及滤网检查	环境整洁无积灰,通风散热良好,风扇及滤网无积尘	观察、清洁
设备接地	接地电阻值	接地电阻≤1Ω	使用接地电阻测试仪测试接地电阻

（2）环境与设备监控系统维护管理内容、要求及方法如表 5.6-7 所示。

环境与设备监控系统维护管理内容、要求及方法 表 5.6-7

项目	内容	要求	方法
服务器	硬盘维护、外设查看	外设接口完好、硬盘空间利用率是否小于70%	观察判断,利用系统工具进行磁盘碎片整理
	风扇及滤网	清洁无积灰	检查及清洗风扇和滤网,工作状态正常、无积尘
网络安全	抽查系统设备病毒状况,主机系统安全	系统运行稳定,无病毒感染	升级病毒库,记录病毒情况,对已中毒文件进行杀毒、修复,主机系统安全扫描
	网络安全评估	网络满足运行要求,无系统漏洞	查看防火墙、服务器、工作站及其他设备运行日志,开展安全评估,形成评估报告
工作站	硬件设备	运行稳定	查看工作站运行日志
软件系统	用户管理	用户账户、密码安全	根据人员的工作职权和人员变动情况,为每个用户设置账户、密码和分配不同的网络访问权限
	操作系统、数据库业务数据、系统数据、应用数据	运行稳定、数据备份	操作系统运行日志分析、升级,检查数据备份记录及备份日志
	管廊监控系统	检查系统运行状况	检查系统日志,系统功能测试,形成报告
接地电阻	检测接地电阻	符合工程设计要求	使用接地电阻测试仪测试接地电阻
ACU 控制箱	检测 PLC 系统及外围控制电器元件的运行状态	PLC 系统运行正常,电气元件动作正常	观察判断,与监控系统进行联动测试
传感器	运行状态	传感器查看有无损坏、工作状态不正常的及时更换、达到设计寿命的及时更换	观察、校准、与监控系统进行联动测试
UPS电源	电源输出电压、电流	符合工程设计要求,出现故障及时处理	观察 UPS 显示控制操作面板

（3）安全防范系统维护管理内容、要求及方法如表 5.6-8 所示。

安全防范系统维护管理内容、要求及方法 表5.6-8

项目	内容	要求	方法
服务器	同表5.6-7		
存储设备	存储识别功能及存储介质维护	空间利用率<80%,备件可用,利用率过高及时更换新的存储	利用系统工具整理存储设备空间
软件系统	同表5.6-7		
摄像机	变焦功能检查、视距检查	功能正常,损坏设备及时更换	采用管理软件控制、调整摄像头
	镜头、设备清洁、调整和除尘	设备整洁无积尘,姿态调整	保洁
	安装部位	牢固、无松动,发现问题及时处理	观察、紧固
监控中心的控制设备	录像功能、移动侦测布防功能	功能正常,损坏的及时维修处理	利用视频管理软件功能测试
	编解码器	指示灯显示正常、工作状态正常	观察判断
图像	清晰度、灰度	满足视频监控要求	摄像机摄取综合试卡图像并传输至监视器上进行观察判断
入侵检测系统	工作状态	工作状态正常,及时更换老旧坏的部件	与监控系统进行联动测试
电子井盖	开关及报警功能、手动开关功能是否正常	检查远程控制和手动控制功能均正常	与监控系统联动测试

（4）火灾自动报警系统维护管理内容、要求及方法如表5.6-9所示。

火灾自动报警系统维护管理内容、要求及方法 表5.6-9

维护项目	内容	要求	方法
火灾自动报警系统	火灾探测器报警功能试验	报警功能正常	采用试验烟气、热源等与报警系统进行联动测试
	手动报警按钮报警功能试验	报警功能正常,并能手动复位	与报警系统联动测试
	火灾报警控制器功能试验	1)火灾报警功能、故障报警功能、自检功能、显示与计时功能应符合现行《火灾报警控制器通用技术条件》GB 4717—2005 第 4.2.1.2 ~ 4.2.1.6 条的相关规定;2)主备电源切换正常	联动测试
	火灾显示盘	应符合现行《火灾显示盘通用技术条件》GB 17429—2011 第 3.2.1.2 条的要求	观察,测试
可燃气体报警控制器	功能试验	可燃气体报警功能、故障报警功能、本机自检功能、显示与计时功能应符合现行《可燃气体报警控制器》GB 16808—2008 第 3.3.2、3.2.4 ~ 3.2.6 条的相关规定	联动测试

（5）通信系统维护管理项内容、要求及方法如表 5.6-10 所示。

通信系统维护管理内容、要求及方法　　　　　　　　　　表 5.6-10

项目	内容	要求	方法
性能和功能	告警性能测试、告警记录和数据统计	满足运行要求	按设备说明书操作
网络安全	状态分析处理	网络状态安全,发现非法攻击及时处理	查看防火墙运行日志
	IP 地址	IP 地址与登记表中内容相符	核对、检查
无线系统	发射功率和接收灵敏度	符合设计要求	监控中心与管廊现场配合测试
通话质量	通话是否正常、清晰	通话正常无间断、语音清晰无杂音	监控中心与管廊现场配合测试
连接线缆、插接件	连接线缆和插接件是否牢固、通信过程是否正常	连接牢固、通讯正常	观察、紧固
设备	风扇、滤网、外观	风扇工作状态正常、滤网外观清洁无积尘	观察、保洁

2. 常见问题与处理措施

监控与报警系统中包括了大量的传感器设备,传感器在运行中常见的问题与处理措施如下:

（1）传感器常见问题及处理措施

传感器常见问题及处理措施如表 5.6-11 所示。

传感器常见问题及处理措施　　　　　　　　　　表 5.6-11

故障现象	故障原因	处理办法
显示不稳定	信号传输线接触不良	紧固接线端子
	信号传输线路绝缘破损,引起断续短路或接地	找出故障点,修复绝缘
	外界干扰	查出干扰源,采取屏蔽措施
显示无穷大或者零	接线断路	找到断点,重新接好
	传感器损坏	更换传感器

（2）安全防范系统常见问题与处理措施

1）视频监控系统常见问题与处理措施如表 5.6-12 所示。

视频监控系统常见问题与处理措施　　　　　　　　　　表 5.6-12

故障现象	故障原因	处理办法
监控显示屏上图像不清晰	视频传输线屏蔽效果不好	换成符合要求的电缆
	供电电源有干扰	加强摄像机屏蔽接地,对视频电缆线的管道进行接地处理等
监控显示屏上形不成图像和同步信号	视频电缆线的芯线与屏蔽网短路、断路	检查视频摄像头连接线接头
云台运转不灵活或根本不能转动	云台电机故障	检查云台
操作键盘失灵	操作键盘连接线松动或者操作键盘本身故障	检查操作键盘连接线或者查看键盘使用说明书

2）门禁系统常见问题与处理措施如表 5.6-13 所示。

门禁系统常见问题与处理措施　　　　　　　　　表 5.6-13

故障现象	故障原因	处理办法
读卡器指示灯不亮	读卡器接线问题	检查接线线路
	供电不正常	检查供电电源
将卡片靠近读卡器,读卡器不响,指示灯也没有反应	读卡器与控制器之间的连线不正确	检查线路
	读卡器内部的感应板发生故障	需要交给售后或者厂家进行维修
将卡片靠近读卡器,读卡器正常响,指示灯正常显示,门不开	卡片可能为无效卡	到服务端重新注册卡片
	电子锁和门上的锁扣位置不重合	重新调整锁扣位置

（3）火灾报警系统常见问题与处理措施

火灾报警系统常见问题与处理措施如表 5.6-14 所示。

火灾报警系统常见问题与处理措施　　　　　　　　表 5.6-14

故障现象	故障原因	处理措施
火灾探测器误报或者故障报警	探测器灵敏度选择不合理	根据当地气候条件及管廊内环境选择适当的灵敏度的探测器
	管廊内环境湿度过大,风速过大	安装时应避开风口及风速较大的通道
	探测器使用时间过长	定期检查,根据情况清洗和更换探测器
手动按钮误报警或者故障报警	按钮使用时间过长性能下降	定期检查,损坏的及时更换,以免影响系统运行
	按钮人为损坏	
报警控制器故障	控制器本身故障	用仪表或自身诊断程序判断检查机器本身,排除故障
线路故障	绝缘层损坏,接头松动,造成绝缘下降	检查绝缘程度,检查接头连接情况等

5.6.4　大中修管理

监控与报警系统可根据系统功能、性能以及系统整体升级改造,并结合设备的建议使用年限安排大中修专项工程。

5.7　标识系统

5.7.1　日常巡检

标识系统的日常巡检主要以观察为主,对简介牌、管线标志铭牌、设备铭牌、警告标识、设施标识、里程桩号等表面是否清洁、是否有损坏、安装是否牢固、位置是否端正、运行是否正常等进行查看记录。

5.7.2　维修保养

标识系统的维修保养主要通过对有积灰、破损、松动、运行不正常的简介牌、管线标志铭牌、设备牌、警告标识、设施标识、里程桩号等进行清洗、维修。标识、标牌更换时应选用耐火、防潮、防锈材质。

本章参考文献:

［1］　乔庆军，马静．日光灯常见故障的处理方法［J］．中国科技信息，2006（20）：106-107.

［2］　上海申银泵业制造有限公司．WQ 型潜水排污泵常见故障及解决办法［EB/OL］（2016-06-15）.

［3］　上海市工程建设规范．城市综合管廊维护技术规程 DG/TJ 08-2168-2015［S］．上海：同济大学出版社，2015.

第6章 入廊管线管理

6.1 概述

综合管廊内容纳的市政管线包括给水管道、排水管渠、天然气管道、热力管道、电力电缆、通信线缆等管线。综合管廊内各管线新建、改扩建完成后，相应管线单位应会同管廊运维管理单位组织相关建设单位进行竣工验收，验收合格后，方可正式交付使用。各管线单位应与管廊运维管理单位签订入廊协议，明确双方的管理权限、责任、范围与义务。为保证入廊管线和管廊的安全运行以及管廊内作业人员的人身安全，管线单位和管廊运维管理单位应做好以下工作：

（1）管线单位应编制入廊管线的维护计划，定期对入廊管线进行巡检。管线单位应提前将维护计划告知管廊运维管理单位，以便管廊运维管理单位协调安排入廊作业时间。

（2）管线单位应及时对到期、老化以及产生破损等不符合安全使用条件的管线进行维修、改造或者更新，对于停止运行、报废的管线采取必要的安全防护措施。

（3）管线单位对入廊管线进行改扩建时应按照有关规定报建，方案应充分考虑对管廊土建工程结构、附属设施和相邻入廊管线运维安全及周边环境的影响，经批准方可实施，并及时组织验收。

（4）需要进入综合管廊的管线单位应向管廊运维管理单位提出申请，并履行相应入廊管理制度，确保人员安全。入廊申请主要包括入廊作业单位名称、紧急情况联系人、联系电话、入廊作业内容、入廊作业区段、入廊人员数量、是否需要用电、是否需要动火作业等内容。

（5）综合管廊运维管理单位应做好入廊管线作业人员的管理工作，对入廊作业人员进行严格管理，实名登记并发放入廊作业证。管廊运维值班人员应确认管廊内空气质量符合要求后方能准许作业人员进入管廊内。对于管廊内动火、电焊等特殊工种进行专项审批登记和重点监控等。

（6）管线单位施工作业完成后，管廊运维管理单位应对管线单位作业现场进行检查、监督施工单位清点入廊人数、清理施工现场，并对管线单位的竣工报告进行审核，检查管线单位是否按已提交的施工作业单进行作业。

6.2 给水管道的管理

6.2.1 日常巡检与监测

综合管廊内给水管道的日常巡检与监测包括对管道、阀门、接头以及支吊架等附件的直观属性巡视和对管道压力、流量等参数的实时监测。给水管道的日常巡检可由给水管道权属单位和管廊运维管理单位共同开展，具体任务分工可在签订管线入廊协议时明确。

1. 日常巡检

为做好给水管道的日常巡检，给水管道权属单位和综合管廊运维管理单位必须熟悉入廊给水管道以及共舱管线的情况。管道权属单位应制定详细的巡检计划（包括巡检内容、周期、路线等），并报送管廊运维管理单位进行备案，以便管廊运维管理单位统一协调其他入廊管线单位，安排合理的巡检时间。日常巡检过程中应重点关注管道的阀门、接头等部位。如果出现管道破裂频率较高或者出现影响管廊及其他管线安全运行等情况时，给水管道权属单位应加强巡视工作，缩短巡检周期或者实施 24 小时巡检。给水管道的日常巡检内容如表 6.2-1 所示。

给水管道日常巡检内容

表 6.2-1

巡检内容	巡检方法	备注
管道外观是否有损坏	目测	
管道接头处是否有渗漏水	目测	
阀门处是否有渗漏水	目测	
阀门外观是否有损坏	目测	必要时拍照记录
管道支墩混凝土是否损坏、漏筋	目测	
管道锚固件是否异常、松动	目测、手动测试	
支吊架外观是否锈蚀	目测	
管线上标识是否清洁、完好	目测	
管道保温是否损坏	目测	针对有外保温层的水管道
连接口是否开裂	目测	

2. 日常监测

综合管廊内给水管道的运行状态由其权属单位的管理系统进行实时监测，主要监测参数包括管道的压力、流量、水质以及具有远程控制功能的阀门。

6.2.2　专业检测

综合管廊内给水管道的专业检测由其权属单位负责，给水管道权属单位应当检测给水管道运行中的节点压力、管段流量、漏水噪声等动态数据，对管道运行工况进行分析，对管网水压水质数据，阀门操作等均应有文字记录。具体检测内容如表 6.2-2 所示。

给水管道专业检测内容

表 6.2-2

检测内容	检测方法	备注
管道水压是否异常	水压检测传感器	
管道水质是否异常	管道取水样后实验分析	
管道内防腐状况	管道内窥检查设备	检测时应做好检测记录
阀门的启闭是否正常	由调度中心统一管理、操作由接受过专业培训的人员进行	

6.2.3 维修保养

综合管廊内给水管道的维修保养包括对管道、阀门、支吊架、标识牌等进行清洁和保养，对设施、设备部件进行停水更换。给水管道权属单位应根据管廊内给水管道的实际情况编制维护操作说明书，根据管道的运行情况开展相应的检修。给水管道发生漏水时，其权属单位应及时组织专业人员进行维修，发生爆管事故，专业人员应该在 4 小时内止水并开展抢修工作。

阀门作为给水管道中的重要控制设备，用于调节管网中的流量、压力以及在管道出现爆裂等紧急情况下能够快速控制故障管段。阀门的使用寿命和质量对保证综合管廊内给水管道的安全运行起着十分重要的作用。给水管道的保养维修应重点关注管道上的附属阀门，阀门的保养维护具体内容如下：

（1）传动部件保养，阀门在长期使用过程中，由于受到内外环境因素的影响，一方面容易造成转动头内部润滑油脂流失，在日常保养中应对阀门的润滑情况进行检查，及时添加润滑油。另一方面阀门内轴承由于机械失效而造成阀门启闭困难、甚至根本无法启闭，日常检修中一旦发现这种情况应当及时更换失效的阀门轴承。

（2）阀门检查井，对于设置在管廊外部的阀门检查井，在日常检查中应对井内杂物或者积土等定期进行清理，以保证阀门的操作空间和运行环境。

6.3 排水管渠的管理

排水管渠中的污水通常会释放出硫化氢、甲烷等有毒、易燃、易爆气体，因管渠敷设在管廊内，空间相对较封闭，当浓度较高时，如作业过程中对作业现场环境不了解，容易造成人员中毒，或者贸然进行动火作业也容易造成爆炸伤人。排水管渠权属单位作业人员进入管廊作业前，管廊运维管理单位应加强对作业区段环境的监控并开启送排风机，加强对作业人员施工作业的监控，严格执行管廊动火作业制度。

6.3.1 日常巡检与监测

综合管廊内排水管渠的日常巡检与监测包括对管渠外观、管道接头、检查井以及支吊架等附件的直观属性巡视以及对管廊内有害气体的实时监测。排水管渠的日常巡检可由管道权属单位和管廊运维管理单位共同开展，具体任务分工可在签订管线入廊协议时明确。

1. 日常巡检

为做好排水管渠的日常巡检，排水管渠权属单位和综合管廊运维管理单位必须熟悉入廊排水管渠以及共舱管线的情况。管渠权属单位应制定详细的巡检计划（包括巡检内容、周期、路线等），并报送管廊运维管理单位进行备案，以便管廊运维管理单位统一协调其他入廊管线单位，安排合理的巡检时间。对于利用管廊结构本体的排水渠道，巡检时应注意土建工程是否出现了渗漏等异常情况。对于排水管道的日常巡检内容如表 6.3-1 所示。

巡检内容	巡检方法	备注
管道外观是否有损坏	目测	
管道接头处是否有渗漏水	目测	
管道支墩混凝土是否损坏、漏筋	目测	
管道锚固件是否异常、松动	目测、手动测试	
支吊架外观是否锈蚀	目测	必要时拍照记录
管线上标识是否清洁、完好	目测	
清扫口外观是否有损坏	目测	
检查口外观是否有损坏	目测	
检查井外观是否有损坏	目测	
透气管外观是否有损坏	目测	

2. 日常监测

在有污水管道的综合管廊舱室内设置了硫化氢气体监测传感器（图 6.3-1），管廊运维管理单位监控人员应密切关注监控系统采集的有害气体浓度值，通过监控及时反馈并对有害气体的泄漏进行预警，保障管廊内作业人员的安全。

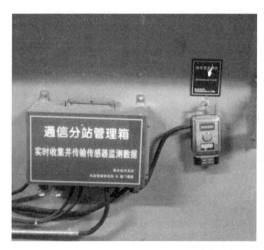

图 6.3-1　管廊内硫化氢监测仪

6.3.2　专业检测

综合管廊内排水管道的专业检测由管道权属单位负责，排水管道专业检测主要包括对管道水压、水质以及管道内外防腐性能的检查。具体检测内容如表 6.3-2 所示。

排水管道专业检测内容　　　　　　　　　　　　　　　表 6.3-2

检测内容	检测方法	备注
管道水压是否异常	水压检测传感器	
管道水质是否异常	取水样后实验分析	检测时应做好检测记录
管道内防腐状况	管道内窥检查设备	
管道内部是否异常	电视或者声呐检查	

6.3.3 维修保养

排水管渠的维修保养由其权属单位负责，其权属单位应制定详细的维护作业计划、维护作业手册，加强对作业人员的培训及安全教育，使作业人员能够熟练地掌握排水管渠维护安全操作技能，提高作业中安全保护意识。

1. 排水管渠疏通

对于利用综合管廊结构本体的雨水渠，每年非雨季清理疏通不应少于 2 次。进行排水管渠疏通作业时管道内的水位不能过高。排水管渠可采用穿竹片牵引钢丝绳疏通、推杆疏通、绞车疏通以及高压射水车疏通等方式，可结合排水管渠在综合管廊内的实际情况选择适当的疏通方式。另外，对排水管道进行疏通时需要开启井盖，开闭井盖一定要采用专用工具，并且开启时应采取防爆措施。

2. 排水管渠维修

排水管道的脱节、破裂会导致污水大量渗漏、污染管廊内环境，对管道脱节、破裂管道权属单位应及时对上游管道进行封闭并视情况采取合理的修复措施。

6.4 天然气管道的管理

天然气管道敷设于综合管廊内，由于管廊空间相对密封，管道发生泄漏后，如果遇火花，极易造成爆炸等事故，为保证天然气管道与管廊的安全运行以及管廊内作业人员安全，天然气管道权属单位和管廊运维管理单位在日常管理工作中应注意以下事项：

（1）天然气管道权属单位应加强对天然气管道运行、管理人员的安全技术培训，天然气管道运行、管理人员应经过考试合格才能上岗工作。

（2）天然气管道权属单位和综合管廊运维管理单位应配置呼吸器，通风式防毒面具，自动苏生器，防爆测定仪，防爆对讲机，便携式泄漏气体测定仪等，并且应加强检查、维护保养，使上述设备始终处于完好状态。

（3）在天然气管道舱内作业时，作业人员应穿戴防静电的工作服和无铁钉的鞋，严禁带火种和非防爆型无线通信设备以及检测设备、仪表等进入天然气管道舱。

6.4.1 日常巡检与监测

综合管廊内天然气管道的日常巡检与监测包括对天然气管道，阀门及标识牌等附件的直观属性巡视和对管道压力、流量及温度等参数的实时监测。天然气管道的日常巡检可由天然气管道权属单位和管廊运维管理单位共同开展，具体任务分工可在签订管线入廊协议时明确。

1. 日常巡检

为做好管廊内天然气管道的日常巡检，天然气管道权属单位和综合管廊运维管理单位必须熟悉入廊天然气管道的情况。管道权属单位应制定详细的巡检计划（包括巡检内容、周期、路线等），并报送管廊运维管理单位进行备案，以便管廊运维管理单位统一协调其他入廊管线单位，安排合理的巡检时间。对入廊天然气管道的日常巡检内容如表 6.4-1 所示。

天然气管道日常巡检内容　　　　　　　　　　　表 6.4-1

巡检内容	巡检方法	备注
管道外观是否有损坏	目测	必要时拍照记录
管道防碰撞保护设施是否损坏	目测	
管道上标识是否完好	目测	
管廊内警示标志是否完好	目测	
进出口、通风口、吊装口等地面设施的安全警示标识是否完好	目测	
管道安全保护距离内是否堆放有毒有害物质	目测	
阀门井内是否有积水、塌陷以及妨碍阀门操作的异物	目测	
阀门外观是否有损坏	目测	

2. 日常监测

综合管廊内天然气管道的运行状态由其权属单位的管理系统进行实时监测，主要监测参数包括管道的压力、流量、温度、泄漏报警信号以及具有远程控制功能的阀门。

6.4.2　专业检测

综合管廊内天然气管道的专业检测由其权属单位负责，专业检测主要包括对管道压力、管道泄漏以及管道内外防腐性能的检查。具体检测内容如表 6.4-2 所示。

天然气管道专业检测内容　　　　　　　　　　　表 6.4-2

检测内容	检测方法	备注
管道气压是否异常	压力检测传感器	检测时应做好检测记录
管道泄漏检查	移动式气体监测装置	
管道防腐涂层及防腐情况	选点检查	
管道阀门	定期进行启闭操作，对于带执行机构的阀门应定期检查执行机构状态	

6.4.3　维修保养

综合管廊内天然气管道的维修保养由管道权属单位负责，管道权属单位应明确管道的维护保养周期，做好相关记录，维护中发现问题应及时上报，并采取有效的处理措施。

1. 管道防腐

对于运行中的天然气管道第一次发现腐蚀漏气点后，应立即查明腐蚀原因并对管道的防腐涂层和腐蚀情况进行选点检查，再根据检查结果制定修复方案。

2. 阀门的维护

对天然气管道上阀门的维护，首先应定期清理阀门井内的异物和积水，其次根据管网的运行情况对阀门进行定期的启闭操作，对于无法正常开关或者关闭不严的阀门，应及时采取有效的维护更换措施。

6.5 热力管道的管理

6.5.1 日常巡检与监测

综合管廊内热力管道的日常巡检与监测包括对管道保温层、管道接头及阀门等附件的直观属性巡视和对管道压力、温度等参数的实时监测。热力管道的日常巡检可由热力管道权属单位和管廊运维管理单位共同开展，具体任务分工可在签订管线入廊协议时明确。

1. 日常巡检

为做好热力管道的日常巡检，热力管道权属单位和综合管廊运维管理单位必须熟悉入廊热力管道和共舱管线的情况。管道权属单位应制定详细的巡检计划（包括巡检内容、周期、路线等），并报送管廊运维管理单位进行备案，以便管廊运维管理单位统一协调其他入廊管线单位，安排合理的巡检时间。通常情况下热力管道的巡检周期一般不大于两周，对高温蒸汽管段的巡检周期一般为三天。热力管道的日常巡检内容如表 6.5-1 所示。

热力管道日常巡检内容　　　　表 6.5-1

巡检内容	巡检方法	备注
管道保温层是否有开裂、剥落	目测	
管道及附件是否有泄漏	目测	
供热期间管道上指针式仪表的读数是否在正常范围	目测	
阀门外观是否有损坏	目测	必要时拍照记录
管道支墩混凝土是否损坏、漏筋	目测	
管道锚固件是否异常、松动	目测、手动测试	
支吊架外观是否锈蚀	目测	
管线上标识是否清洁、完好	目测	

2. 日常监测

综合管廊内热力管道的运行状态由其权属单位的管理系统进行实时监测，主要监测参数包括管道的压力、温度、流量以及具有远程控制功能的阀门。

6.5.2 专业检测

综合管廊内热力道的专业检测由管道权属单位负责，专业检测主要包括对管道压力、补偿器、疏水器及阀门开关的检查。具体检测内容如表 6.5-2 所示。

热力管道专业检测内容　　　　表 6.5-2

检测内容	检测方法	备注
管道压力是否正常	压力表、压力检测传感器	
疏水器排水是否正常		必要时拍照记录
补偿器		
阀门的启闭是否正常	由调度中心统一管理、操作由接受过专业培训的人员进行	

6.5.3 维修保养

综合管廊内热力管道的维修保养包括管道运行期间的维护、管道停运后的维护。

1. 管道运行期间的维护

热力管道供热期间的防堵裂是保证供暖系统正常运行的关键，在热力管道运行期间应采取有效措施保证管道中的水质，确保水的循环使用，避免发生堵塞管道现象。在供热管道运行期间，如发现管道有漏水漏气现象，管道权属单位应视情况严重程度，采取有效的修复措施。

2. 管道停运后的维护

热力管道停运后管道权属单位应对所有管道、设备及安装附件进行仔细的检查，对于腐蚀严重的管道应进行更换，对管道上的阀门等安装附件进行保养，保证阀门等转动件在下一年的供暖时灵活有效。系统停止供热后，应将系统中的水全部排放干净，再用净水冲洗管道，最后用经处理合格的水充满系统，使满水状态一直保持到来年再次运行。此外，热力管道停运期间可视情况安排大修工作。

6.6 电力电缆的管理

6.6.1 日常巡检与监测

综合管廊内电力电缆的日常巡检与监测包括对电力电缆、支吊架、标识牌等的直观属性巡视和对电缆运行温度的监测。电力电缆的日常巡检可由电力电缆权属单位和管廊运维管理单位共同开展，具体任务分工可在签订管线入廊协议时明确。

1. 日常巡检

为做好综合管廊内电力电缆的日常巡检，电力电缆权属单位和综合管廊运维管理单位必须熟悉入廊电力电缆以及共舱管线的情况。电力电缆权属单位应制定详细的巡检计划（包括巡检内容、周期、路线等），并报送管廊运维管理单位进行备案，以便管廊运维管理单位统一协调其他入廊管线单位，安排合理的巡检时间。对入廊电力电缆的日常巡检内容如表 6.6-1 所示。

电力电缆日常巡检内容 表 6.6-1

巡检内容	巡检方法	备注
电缆外观是否有损坏	目测	必要时拍照记录
电缆及接头位置是否固定可靠	目测，紧固	
接地线连接处是否牢固可靠	目测，紧固	
电缆及接头上的防火涂料或防火带是否完好	目测	
电缆支架是否有脱落	目测	
电缆标识牌是否完好	目测	

2. 日常监测

电缆及电缆中间接头由于生产、施工过程中的缺陷，导致电缆或接头在运行过程中产生热量聚集，如果不及时处理可能会引起电缆故障从而导致爆炸或者造成火灾等严重事故，严重影响城市的正常供电。为实时监测电缆及接头的温度，在电力电缆上布置了感温光纤（图 6.6-1）。采用光纤作为温度传感器，能对光纤所接触的电缆进行全线监测，对光纤沿线的热量聚集点进行精确定位。

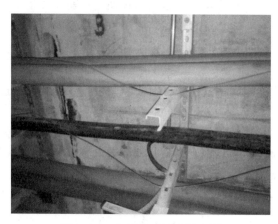

图 6.6-1　电缆表面的感温光纤

6.6.2　专业检测

综合管廊内电力电缆的专业检测由其权属单位负责，专业检测主要包括对电力电缆的故障测试、绝缘监测以及防雷接地系统检查。具体检测内容如表 6.6-2 所示。

电力电缆专业检测内容　　　　　　　　　　　　　表 6.6-2

检测内容	检测方法	备注
电缆线路故障	电缆故障检测仪	
线路、接头绝缘检测	直流电测试	检测时应做好检测记录
防雷接地系统检查	放电装置测试	

6.6.3　维修保养

综合管廊内电力电缆的维修保养由其权属单位负责，主要包括对综合管廊内电力电缆的状态检修和故障修复工作[1]。

1. 状态检修

电力电缆权属单位应根据综合管廊内电缆的状态检测和试验结果，状态评价结果等动态制定电力电缆的维护检修计划。对于投入运行一年后的电力电缆，权属单位应对电缆进行全面检查和状态评价，并根据评价结果合理安排状态检修计划，检修内容可参照现行电力行业标准《电力电缆线路运行规程》DL/T 1253 的有关规定。

2. 故障修复

电力电缆运行过程中发生故障时，其权属单位应积极组织专业人员进行抢修，以快速恢复供电。对管廊中电力电缆进行抢修可按照以下步骤进行：

（1）故障点巡查，权属部门应根据线路故障跳闸、故障测距等信息，对故障点进行初步判断后，安排专业人员进入管廊内对电缆接头以及与其他设备的连接处进行重点巡查，对检查出的故障点应采取有效的隔离措施。

（2）故障修复，进入综合管廊进行电缆修复作业时，工作负责人应向作业人员宣读已批准的工作票，交代当班施工作业的内容、作业范围以及作业保护措施等工作要求，当班作业人员在工作票上签字后，方可对故障电缆进行修复作业。在进行故障电缆修复前首先应采用安全的方法将电缆导体可靠接地并检查电缆的受潮情况。对故障电缆进行修复应严格按照电力电缆及附件的安装工艺要求进行，修复后应按照现行电力行业标准《电力电缆线路运行规程》DL/T 1253 的有关规定进行试验检查。

（3）故障分析，电缆故障修复后，权属单位应对电缆故障产生的原因进行分析，形成事故分析报告并上报主管部门和管廊运维管理单位备案。事故分析报告主要包括故障跳闸时间、现场处理措施、试验报告、恢复供电措施等内容。

6.7　通信线缆的管理

6.7.1　日常巡检与监测

通信线缆的日常巡检包括对线缆、标识牌及敷设线缆桥架的直观属性巡视和对线缆运行状态的实时监测。通信线缆的日常巡检可由各通信线缆权属单位和管廊运维管理单位共同开展，具体任务分工可在签署管线入廊协议时明确。

1. 日常巡检

通信线缆权属单位应根据综合管廊内线缆的情况、重要程度及共舱管线等，制定详细的管线年度巡检计划（包括巡检内容、周期、路线等），并报送管廊运维管理单位进行备案，以便管廊运维管理单位统一协调其他入廊管线单位，安排合理的巡检时间。通信线缆的日常巡检内容见表 6.7-1。

通信线缆日常巡检内容　　　　　　　　　　　　　表 6.7-1

巡检内容	巡检方法	备注
管线外观是否有损坏	目测	必要时拍照记录
管线支架（桥架）是否有脱落	目测	
标识牌是否脱落	目测	

2. 日常监测

综合管廊内通信线缆的运行状态由其权属单位的管理系统进行实时监测，通过管理系统可以准确定位线缆故障点位置。

6.7.2　专业检测

综合管廊内通信线缆专业检测由各线缆权属单位负责，专业检测主要包括对通信线缆的故障测试、线路绝缘测试等，具体检测内容见表 6.7-2。

通信线缆专业检测内容　　　　　　　　表 6.7-2

检测内容	检测方法	备注
线缆故障测试	使用回路分析仪,对线缆的断路及混线等故障进行测试	必要时拍照记录
线路绝缘测试	直流电测试	
接地装置、接地电阻测试	兆欧表	

6.7.3 维修保养

综合管廊内通信管线的维护管理除应符合现行行业标准《通信线路工程设计规范》YD5102 的有关规定外,综合管廊内各通信线缆权属单位可根据通信线缆的实际情况对重要用户、专线及重要通信期间加强维护。

本章参考文献:

[1] 中华人民共和国行业标准.电力电缆线路运行规程 DL/T 1253—2012 [S].北京:中国电力出版社,2014.

第7章　安全与应急管理

7.1　概述

综合管廊作为重要的市政公用设施，内部敷设着给水管道、中水管道、雨水管道、污水管道、电力电缆、通信线缆、热力管道、天然气管道等城市的重要"生命线"，持续为市民生活和城市的日常运营和发展发挥着巨大的作用。保证城市地下综合管廊的安全可靠的运行不仅是综合管廊运维管理单位的职责，也是整个城市安全运行的需要。

综合管廊作为一种国家大力推进的新型市政项目，其与地铁隧道等其他地下空间工程存在着较大差异，这也进一步导致相关安全及应急管理的差别。相对于地铁隧道等，综合管廊具有如下特点：

（1）一般埋深较浅（一般约3~5m，缆线管廊更是与地面仅隔一层盖板），一旦发生事故可能会对地面行人、设施、建筑等造成影响。

（2）综合管廊的断面尺寸较小，单舱平均约为3m×3m，人行通道宽度约1m左右，作业空间较小。在有限的空间内需要保障管廊内的空气质量等环境条件满足作业人员安全工作的要求。

（3）综合管廊属于狭长型构筑物，一旦发生事故内部人员只能从出入口、逃生口逃生，而从实际已建成的工程项目来看，其出入口、逃生口设置的数量不多，作业人员廊内风险较大。

（4）综合管廊内入廊管线具有一定的危险性，如天然气、热力、给水管道以及电力电缆（尤其110kV以上高压电缆），发生泄漏或爆管等将对廊内人员带来危险，比如中毒、烫伤、溺水、触电等事故。

（5）综合管廊内入廊管线多、附属机电设备较多，维修工作任务量大，入廊人员多而杂，管理困难大，安全隐患多。

综合管廊的安全管理应根据其自身特点重点研究，其安全管理可分为两个方面内容：一是综合管廊安全生产管理，二是综合管廊发生突发事件的应急处置。综合管廊安全生产管理针对生产经营过程，主要在于日常巡检、维修、养护等作业中的安全管控；综合管廊应急管理以实际面临的突发事件的处置预案为核心内容。

7.2　安全生产管理

安全生产管理就是针对人们在生产、经营过程中的安全问题，运用有效的资源，发挥人们的智慧，通过人们的努力，进行有关决策、计划、组织和控制等活动，实现生产经营过程中人与机器设备、物料环境的和谐，达到安全生产经营的目标。

综合管廊的安全生产管理应坚持"安全第一、预防为主、综合治理"的指导思想。运维管理单位应遵守相关安全生产的法律、法规，加强安全生产管理，建立、健全安全生产责任制度，完善安全生产条件，保证综合管廊安全管理的全面性及预控措施的有效性。

针对综合管廊日常运维的特点，其安全生产管理重点在于安全生产组织建设、安全管理制度的建立和执行。

7.2.1 安全生产组织体系

依据《国务院关于进一步加强企业安全生产工作的通知》（国发〔2010〕23号），应强化企业技术管理机构的安全职能，按规定配备安全技术人员，切实落实企业负责人安全生产技术管理负责制。综合管廊运维管理单位应建立专门的安全管理机构，制定安全管理的规章制度、管理流程。并配备与工程规模相适应的安全人员，明确其安全管理职责。

（1）领导小组

运维管理单位成立安全领导小组，领导小组由运维管理单位总经理担任组长，分管运营部的副总为副组长，其他公司副总经理及各部门负责人为组员。

（2）安全员

安全员无论专职或兼职均必须经运维管理单位组织的专业培训，获得《安全员证》后方可上岗。专（兼）职安全员情况均需填写《专（兼）职安全员登记台账》。兼职安全员应由与综合管廊日常运营业务直接接触的运营部和技术部的员工兼任。

7.2.2 安全管理制度保障

综合管廊运维安全管理制度应包含安全投入制度、安全培训制度、安全检查制度和安全技术保障制度。

（1）安全投入制度

依据《中华人民共和国安全生产法》第十八条：生产经营单位应具备的安全生产条件所必需的资金投入，由生产经营单位的决策机构、主要负责人或个人经营的投资人予以保证，并对由于安全生产所必需的资金投入不足导致的后果承担责任。

综合管廊运维管理单位的企业年度预算中应包含配备安全培训、安全风险评估费、运维健康监测评估费、工程周边环境调查及现状评估费等相关经费，运维管理单位应及时办理与工程安全相关的保险。

（2）安全培训制度

依据《国务院关于进一步加强企业安全生产工作的通知》（国发〔2010〕23号）第六条：企业主要负责人和安全生产管理人员、特殊工种人员一律严格考核，按国家有关规定持职业资格证书上岗；职工必须全部经过培训合格后上岗。

综合管廊运维管理单位应定期对员工开展相关安全法规、政策文件、管理制度、安全技术技能的培训，并应有培训和考核记录；主要负责人和安全管理人员初次安全培训时间不得少于32学时，每年再培训时间不得少于12学时；新上岗的从业人员安全培训时间不得少于72学时，每年接受再培训的时间不得少于20学时。

（3）安全检查制度

依据《中华人民共和国安全生产法》第三十八条：生产经营单位的安全生产管理人员应当根据本单位的生产经营特点对安全生产状况进行经常性检查；对检查中发现的安全问

题，应当立即处理；不能处理的，应当及时报告本单位的有关负责人，检查及处理情况应当记录在案。依据现行国家标准《城市综合管廊工程技术规范》GB 50838—2015 第10.1.11、10.1.12 条：综合管廊的巡视维护人员应采取防护措施，并应配备防护装备。综合管廊投入运营后应定期检测评定，对综合管廊本体、附属设施、内部管线设施的运行状况应进行安全评估，并应及时处理安全隐患。

综合管廊运维管理单位应定期对管廊运维安全状况进行全面检查，应及时消除检查出的隐患，达到安全运营要求，并保留相关记录，同时应符合现行国家标准《城市综合管廊工程技术规范》GB 50838—2015 第 10.1.11 条相关规定对巡视维护人员采取必要的防护措施。

综合管廊运维管理单位应建立完整的运维安全管理档案制度，应包括运维安全管理规章制度、运维安全保障方案、运维安全检查及复查记录、运维安全隐患排查记录、事故处理记录等。

（4）安全技术保障制度

依据《中华人民共和国安全生产法》第三十三条：生产经营单位对重大危险源应当登记建档，进行定期检测、评估、监控。

运维管理单位应全面收集相关资料，每一年定期组织对运营的重大风险源进行风险动态评估，并根据运维过程中的安全检查情况进行动态更新，并应有记录。

运维管理单位应建立安全预警制度，根据监测数据及安全检查结果分析规律，做到提前预测预警，减少灾难损失。

7.3　应急管理

应急管理是安全管理的一部分，主要是关注事故发生后的处置管理。随着学科变化，应急管理学科逐渐丰富，从安全管理当中脱离出来，并关注于事故发生前的预防和控制管理。应急管理与安全管理的主要区别在于，安全管理是一个大的管理体系，应急管理是针对非常规突发事件，进行的事前、事中和事后的管理。

7.3.1　应急工作原则

综合管廊应急管理应本着"预防为主、分工负责、统一指挥、分级响应"的基本原则，贯彻"单位自救和社会救援相结合"的总体思路，充分发挥运维管理单位在事故应急处理中的重要作用，尽量减少事故、灾害造成的损失。具体工作原则如下：

（1）紧急事故发生后，立即启动应急预案，相关责任人要以处置重大紧急情况为压倒一切的首要任务，绝不能以任何理由推诿拖延。各单位、部门之间必须服从指挥、协调配合，共同做好工作。因工作不到位或玩忽职守造成严重后果的，要追究有关人员的责任。

（2）运维管理单位在接到报警后，应立即组织自救队伍，按事先制定的应急方案立即进行自救；若事态情况严重，难以控制和处理，应立即在自救的同时向专业救援队伍求救，并密切配合救援队伍。

（3）疏通事发现场道路，保证救援工作顺利进行；疏散人群到安全地。

根据需要，现场应急机构可成立事故灾难现场检测与评估小组，负责检测、分析和评估工作，查找事故灾难的原因和评估事态的发展趋势，预测事故灾难的后果，为现场应急决策提供参考。

应急情况报告应坚持快捷、准确、直报、续报的基本原则。综合管廊运维管理单位事故报告时间最迟不能超过1小时；报告内容要真实，不得瞒报、虚报、漏报；在事故灾难应急处理期内，要连续上报事故灾难应急处置的进展情况及有关内容。

7.3.2 应急组织管理

安全应急组织机构是安全应急体系的中枢，是日常安全体系建设和安全应急规章制度监督的主体结构，同时在突发事件发生时，安全应急组织机构也是应急指挥的决策和执行机构[1]。

根据综合管廊的特点，其安全应急组织结构应进行分级设置，从总体角度可分为3个层级，分别是国家层级、省/市层级和运维管理单位层级应急组织机构。

对运维管理单位外部，能够实现与省/市政府应急办、运维管理单位上级主管部门等上级机关的信息交换，与有关专项应急单位实现预警通报。本书主要从运维管理单位内部方面进行阐释。

1. 领导机构

（1）运维管理单位设置安全领导小组，除了对日常生产承担安全领导责任外，也对应急处置负有领导责任。见图7.3-1。

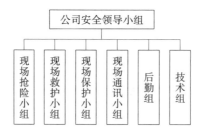

图7.3-1　应急组织体系

（2）领导小组职责。

1）负责事故救援的整体总指挥，保证突发事件按应急救援预案顺利实施；

2）负责与上级安全生产管理机构的联系及情况汇报，建立公司应对运维管廊项目事故的网络系统，保证与项目部及上级主管部门的联系；

3）负责事故的抢险、保护、救护及通信工作；

4）负责所需材料、人员的落实；

5）负责与相邻可依托力量的联络求救；

6）负责工程项目生产的恢复工作；

7）负责成立事故调查处理小组，对事故调查处理工作进行监督。

2. 应急分组

安全领导小组在应急抢险处置时可下设六个小组。分别为：现场抢险组、现场救护组、现场保护组、现场通信组、后勤组、技术组。各小组的主要职责如下：

（1）现场抢险组：抢救现场伤员；抢救现场物资；组建现场消防队；保证现场救援通道的通畅。

（2）现场救护组：负责现场伤员救护；记录伤员伤情；协助120和上级部门对伤员的抢救。

（3）现场保护组：负责事故现场的警戒；阻止非抢险救援人员进入现场；维持治安秩序；负责保护抢险人员的人身安全。

（4）现场通信组：负责事故现场的通信畅通；协助救援人员进入现场进行救援；负责现场车辆疏通；保持与各个相关部门信息的通畅；负责通知各安全生产应急小组成员。

（5）后勤组：做好受伤人员医疗救护的跟踪工作，协调处理医疗救护单位的相关矛盾；协助制订项目运维应急反应物资资源的储备计划，按已制订的项目运维应急反应物资储备计划，检查、监督、落实应急反应物资的储备数量，收集和建立并归档；定期检查、监督、落实应急反应物资资源管理人员的到位和变更情况，及时调整应急反应物资资源的更新和达标；定期收集和整理项目部的应急反应物资资源信息、建立档案并归档，为应急反应行动的启动，做好物资源数据储备；

（6）技术组：科学合理地制定应急反应物资器材、人力计划；为事故现场提供有效的工程技术服务做好技术储备；应急预案启动后，根据事故现场的特点，及时向应急总指挥提供科学的工程技术方案和技术支持，有效地指导应急反应行动中的工程技术工作。

7.3.3 危险源管理

危险源是指一个系统中具有潜在能量和物质释放危险的，可造成人员伤害，财产损失或环境破坏的，在一定的触发因素作用下可转化为事故的部位、区域、场所、空间、岗位、设备及其位置。在综合管廊应急管理中，危险源管理尤为重要。做好危险源管理能够有效降低安全事故发生的概率，同时有效控制危险源，能够在事件发生时防止次生、衍生灾害的发生。

1. 危险源种类[1]

目前我国关于危险源的分类方法主要有按生产过程危险和有害因素分类，以及企业职工伤亡事故分类。

综合管廊在空间上往往区域跨度较大，服务的面积覆盖较广，外部环境复杂多样；同时管廊内部系统多、入廊管线多、进出入人员多，次数多，因此其危险源也较为复杂。为便于对综合管廊危险源进行辨识，将综合管廊的危险源分为外部因素和内部因素两大类。

2. 危险源分布及分析

（1）综合管廊外部危险源

根据《生产过程危险和有害因素分类与代码》GB/T 13816，综合管廊外部危险源又可分为环境因素和人的因素两类。

外部环境因素主要指的是恶劣气候与环境（代码3201），包括风、极端的温度、雷电、大雾、冰雹、暴风雪、洪水、浪涌、泥石流、地震、海啸等。对于综合管廊，其主要的危险源为地震及城市内涝。

外部人的因素主要指的是外部人员入侵综合管廊进行偷盗、暴力恐怖破坏以及外部施工作业破坏。

1）地震危险源分析

根据现行国家标准《城市综合管廊工程技术规范》GB 50838我国的综合管廊抗震设

计按乙类建筑进行，即属于地震时使用功能不能中断或需尽快恢复的建筑。一般情况下，当抗震设防烈度为 6～8 度时，应符合本地区抗震设防烈度提高一度的要求，当为 9 度时，应符合比 9 度抗震设防更高的要求。

从设计上考虑，综合管廊可以有效地发挥防灾避险的功能，其土建工程设计本身就能够抵御一定的冲击荷载，所以综合管廊在地震时能够有效地发挥其防灾抗灾的能力。国外的综合管廊就有过抵御灾害的成功先例，如日本阪神大地震，灾区受损严重，但是其综合管廊及入廊管线却没有受到太大影响。但在我国综合管廊还未真正遇到大地震考验的案例，同时国内综合管廊的结构设计、结构标准、开挖方式、施工工艺、施工质量均与国外有一定差别，国内各地之间也存在差异；除了综合管廊的结构本体以外，内部的管道、各类附属设施设备系统相对更加脆弱，更容易受到地震灾害的威胁。故地震类灾害仍应该作为一种重要的危险源。

2) 城市内涝危险源分析

随着城市建设和城镇化的大力推进，城市雨岛效应和城市下垫面层汇流过程畸变导致国内各地内涝现象频发。2007～2013 年，全国超过 360 个城市遭遇内涝，其中六分之一单次内涝淹水时间超过 12 小时，淹水深度超过半米，北京、广州、济南等城市甚至发生了造成人员伤亡的严重内涝。住房城乡建设部对 351 个城市的内涝情况调研显示：213 个城市发生过不同程度的积水内涝，占调查城市 62%，北京、上海、广州、重庆、南京、杭州、武汉、西安等都出现过严重的内涝灾害。

综合管廊大多浅埋于地下，存在较多的口部构筑物，如吊装口、通风口、进出口、逃生口等。如发生城市内涝，涝水将通过口部设施倒灌进入综合管廊，管廊内的各类管线、配套机电系统设施以及作业人员均将受到严重威胁。

3) 外部人员异常入侵及暴力袭击危险源分析

我国的综合管廊工程大多建造在新城区，由于新城区处于建设阶段，相对人员较少。综合管廊内部有大量的电缆和金属物，因此人为盗窃造成综合管廊安全运行事故时有发生。

综合管廊内的入廊管线包括供水、电力、通信、天然气等均为城市的生命线，可能成为恐怖分子扰乱社会的袭击对象，同时天然气管道的危险性更大，如发生袭击引起大规模爆炸将造成更大破坏，不仅影响综合管廊运行，更对城市、社会带来巨大损失并造成极大影响。

4) 外部施工作业危险源分析

综合管廊服务的城市面积较大，穿越多个功能区域。在主城区，其沿线分布较多公共建筑、民用建筑、可能存在较多的拆迁工程，同时还与下穿隧道、地铁等交错分布其车流量大、环境复杂；在新城区，综合管廊通常率先建设，周边原有建筑物不多，将有大量新建的工程。新城区的新建建筑又常以高层、超高层建筑为主，地铁延伸建设等都存在较多的深基坑施工。这些对综合管廊的安全运行都是巨大的危险源。国内已发生过因为周边建筑施工、地铁施工引起的综合管廊结构体损坏，进而导致管道破坏的案例，因此外部施工作业应引起足够重视。

(2) 综合管廊内部危险源

综合管廊内部危险源可分为物的因素、人的因素以及管理因素。

物的因素包括土建工程、入廊管线以及配套设施的物理性危险和有害因素，具体而言，在综合管廊内，物的因素危险源在于火灾、管道泄漏及爆管。人的因素为内部作业人员的行为性危险和有害因素，管理因素主要是安全卫生相关制度缺失或不健全。

1）火灾分析

综合管廊内存在的潜在火源主要是电力电缆因电火花、静电、短路、电热效应等会引起火灾。另一种火源是可燃物质如泄漏的燃气、污水管外溢的沼气等可燃气体，容易在封闭狭小的综合管廊内聚集，造成火灾隐患。综合管廊一般位于地下，火灾发生隐蔽，不易察觉。另外，综合管廊的环境封闭狭小、出入的人孔少，火灾扑救难。火灾时，烟雾不易散出，增加了消防员进入的难度[2]。

2）管道泄露及爆管分析

综合管廊的入廊管线包括给水管道、中水管道、雨水管道、污水管道、电力电缆、通信线缆、热力管道、天然气管道。在各类管道输送的介质中，天然气危险性最高，泄漏不易发现，影响范围最大；给水、中水、热力及压力污水管道都为有压流，一旦发生严重泄漏及爆管事故，管道内介质将大量泄出，造成综合管廊配套设施的损坏和人员安全事故。

3）内部人员行为性危险和有害因素

允许进入综合管廊的人员包括：综合管廊运维管理单位的巡检、维修、管理人员，各管线权属单位的作业及管理人员，政府部门的监管人员以及批准进入的社会参观学习人员。进出综合管廊的人员较杂、数量较多、进出次数也较为频繁。入廊进行相关作业管理的人员可能发生违章指挥、指挥失误等指挥错误；相关作业人员可能存在误操作、违章作业等操作错误；参观人员还可能在管廊狭小空间和不佳的环境下发生心理和生理异常，如健康状态异常、情绪异常、过度紧张等，都将导致相关的人员及运维安全事故。

4）制度规定缺失或不健全

综合管廊运维管理单位应制定一系列操作及安全制度以规范化综合管廊的日常运维管理。如果制度规定缺失或不健全，作业及管理人员将面临"无规"可依的情况：人员进出管理混乱、操作错误、野蛮施工、出现小问题处置不合理导致事故扩大等。

3. 危险源监控

加强管廊运维过程中的监督检查和日常巡查，对危险源防控措施进行动态监控，认真整改存在隐患和问题。如下为禁止行为，管廊运维管理单位要予以密切监视关注，一经发现，需采取相应措施：

1）排放、倾倒腐蚀性液体、气体；

2）爆破行为；

3）擅自挖掘城市道路；

4）擅自打桩或者进行顶进作业；

5）危害综合管廊安全的其他行为。

在上述规定范围内，确需挖掘城市道路的，应当经过当地市政工程管理机构审核同意，并采取相应的安全保护措施；确需从事打桩或者顶进作业的，应当在施工前向当地市政工程管理机构报告，提供相应的施工安全保护方案，并在施工中按照该保护方案采取安全保护措施。

需要进入综合管廊的人员应当向管廊运维管理单位申请，运维管理单位应有人员同时到场，但相关维护人员或依法执行公务者因紧急事故进入或使用的除外。

未经同意擅自进入综合管廊的，运维管理单位应当及时制止，并向综合管廊管理部门报告。造成损害的，运维管理单位可以采取必要措施及时处理，所需费用由擅自进入者承担。

7.3.4 应急响应措施

1. 外部危险应急措施

针对外部危险源，可能发生的应急事件主要有地震（外部施工影响土建工程结构）、洪涝灾害、恐怖袭击及战争。对上述事件的应急措施如下：

（1）地震应急响应措施

发布破坏性地震预报后，即进入临震应急状态。综合管廊运维管理单位应立即通知入廊管线单位和相关行政主管部门，立即进行风险评估并分级启动地震应急预案；紧急状态下，压力管道迅速降低管道压力，当管道破裂或断裂时自动或遥控切断相关阀门；

震后综合管廊运维管理单位应立即会同入廊管线单位等相关单位对综合管廊土建工程结构、附属设施及入廊管线震后安全状态进行监控和巡查（一天不少于两次），重点监控主干管网的压力变化、受损和泄漏情况与土建工程结构变形渗漏情况。

综合管廊运维管理单位宜建立震害评估预测和辅助决策系统进行震后紧急评估鉴定，采取有效应对加固措施，并及时启动爆管、天然气泄漏等专项应急方案。

地震灾害结束后，仍要与当地地震、气象等有关部门保持联系，针对余震加强监控和巡查（一天不少于一次）。

（2）洪涝灾害应急响应措施

综合管廊运维管理单位应与水文、气象部门保持密切联系，随时掌握准确、及时的防汛抗洪信息（主要指水情、汛情、雨情），做好风险评估预警等工作，分级启动应急措施。

运维管理单位应准备充足沙袋、临时支撑、大功率的应急水泵等防洪抢险物资和器材，暴雨前应及时对管廊各口部封闭加固，暴雨时应及时对土建工程结构渗漏进行封堵和抽排土建工程内积水。土建工程结构及管线变形过大时及时架设临时支撑（墩），管廊监控中心宜设多道抗洪防线。

暴雨时，运维管理单位应增加危险源的巡检和监测频次（重点是土建工程及各口部变形及渗漏情况、设备及入廊管线运行状态等），一天不少于 1 次，并对监测数据及时进行整理分析；应对变配电设施、供电线路和电力设备运行情况进行检查，当洪水可能危及其运行安全时，应及时断电；险情排除后，经检查确认安全后可恢复供电。

（3）恐怖袭击应急响应措施

对重要部位宜设置多道防线并应提前准备好临时公告牌、防爆毯、防毒面具、危险物品储运罐、逃生呼吸器、隔离带等防恐物资。

在恐怖袭击发生时综合管廊运维管理单位应迅速核实情况对恐怖袭击事件进行分级并在半个小时之内报告公安局，由公安局工作人员第一时间报告反恐应急总指挥部。重大和特别重大的恐怖袭击时间必须在 15min 之内报告。

综合管廊运维管理单位应根据恐怖袭击的具体情况采取不同的措施：

1）在收到炸弹恐吓时，工作人员不要轻易触动可疑物，并应迅速设置不少于 10m 的隔离带,使用防爆毯对可疑物进行隔离,上报相应的主管部门并协助其对可疑物进行清理。

2)在发生炸弹爆炸袭击时,应立即组织人员撤离并联系入廊管线相关权属单位切断供应并迅速降低有压管道的管道压力,发生火情时启动火灾应急响应预案。

3)在发生毒气袭击时,应充分考虑对管廊内外部环境的影响,采取有效的抽排气措施,工作人员应佩戴好防毒面具后再进行工作。

4)在发生给水管道投毒事件时,应迅速通知有关部门切断供水并发布信息,防止事态进一步扩大。

在恐怖袭击事件得到控制后,综合管廊运维单位应立即清点人数确保工作人员安全并协助公安部门对恐怖袭击原因进行调查。

(4)战争应急响应措施

综合管廊运维管理单位应准备充足的物资,并对重点设施加强监控和巡视,发现问题应立即启动不同灾情情况下的应急预案;在战争进行时重要岗位工作人员不得轻易脱离工作岗位,在保证自身人身安全的前提下保证综合管廊正常运营;战争结束后,综合管廊运维管理单位应会同入廊管线单位等相关单位对管廊土建工程、附属设施及入廊管线进行安全检查,若发现存在异常情况应及时进行维修。

2. 内部危险应急措施

针对内部危险源,可能发生的应急事件主要有火灾、爆管、天然气泄漏以及高压电缆接头爆炸。对上述事件的应急措施如下:

(1)火灾应急响应措施

火灾发生后,综合管廊运维管理单位应对火灾灾情进行分级并对火灾灾情进行定位,判明起火原因及对周围管线的影响情况后立即组织启动火灾专项应急预案,积极开展灭火自救工作,并向消防主管机构报告。

应尽量避免起火地点火势影响到周围管线引起灾情扩大,当起火点火势影响到周围管线时应分别联系相关权属单位联合处理。

应针对不同类型的火灾灾情自动或手动采取不同的灭火方式:

1)天然气管道发生火灾时,综合管廊运维管理单位应立即联系相关权属单位迅速关闭管道阀门,降低管道压力,防止灾情扩散并采用干粉灭火剂等灭火。

2)电力电缆发生火灾时,综合管廊运维管理单位应立即联系相关权属单位在保护好重要设备的前提下迅速切断电源,并采用二氧化碳或干粉灭火剂等灭火。

3)其他火灾可直接采用自动喷淋装置进行灭火。

火灾灾情得到控制之后综合管廊运维管理单位应对管廊土建工程及相邻管线进行安全检查,若发现存在异常情况应及时进行维修。

(2)爆管应急响应措施

发生爆管的入廊管线均为压力流管道,主要包括给水管道、再生水管道、热力管道及压力污水管道。综合管廊内压力管道一旦发生爆管,运维管理单位应立即通知管道权属单位,针对不同的爆管情况采取不同的应急抢修措施:

1)运维管理单位应迅速对事件进行分级定位并判明事件原因,迅速通知管道权属单位和相关行政主管部门,启动相应应急预案;紧急状态下,迅速降低管道压力,并自动或遥控切断爆管部位相关阀门。

2）迅速通知入廊管线权属单位进行抢修（管道打卡子、焊接或使用管道连接器、换管等），工作人员在进行抢修的过程中应注意自身防护，必要时可联系电力主管部门切断供电并发布相应信息。

3）爆管事故处理完毕之后综合管廊运维管理单位和管线权属单位应迅速对管廊廊体和相邻管线进行安全检查，并应加强对该部位的监控和巡查（一天不少于1次，持续一个月），防止事故再一次发生。

（3）天然气管道泄漏应急响应措施

综合管廊内天然气泄漏事件一旦发生，运维管理单位应立即对泄漏事故进行分类，并通知相关权属单位和相关行政主管部门，启动相应应急预案。

综合管廊运维管理单位应立即通知天然气管道权属单位，针对不同的泄漏情况采取不同的应急抢修措施：

1）尽快了解现场情况，建立隔离区，控制火种，严禁启闭电器开关及使用电话。

2）在天然气大量泄漏且浓度不处于爆炸极限内时，在保证工作人员安全的前提下可采用管道封堵技术更换，应在36小时内完成更换；当天然气浓度处于爆炸极限内时，应强制通风使天然气浓度降低并处于爆炸极限以外，方可进行抢修工作。

3）在天然气管道裂缝较小，天然气泄漏量较少时可采用机械夹具修复法、管卡修复法、加强补板法、戴管帽法等带压堵漏技术进行修复。

4）在天然气管道弯曲变形但并未泄漏时，若需要补强修复可采用复合材料修复法进行修复。

综合管廊运维管理单位在事故处理完毕之后应对发生事故的重点部位加强监控和巡查（一天不少于1次，持续一个月），防止事故再一次发生。

（4）高压电缆接头爆炸应急响应措施

综合管廊高压电缆接头爆炸事件一旦发生，运维管理单位应立即对事件进行分级定位并迅速通知入廊管线单位和相关行政主管部门，启动相应应急预案，组织开展调查处理和应急工作。

在确保设备完好无损的前提下应立即联系电力主管部门切断电力供应，并检查相邻管线是否受到破坏，若相邻管线受到损伤运维管理单位应立即通知入廊管线权属单位进行故障检查及维修。

高压电缆接头爆炸事故处理完毕之后综合管廊运维管理单位应再次对管廊土建工程和相邻管线进行安全检查，若发现存在异常情况应及时进行维修。

7.3.5 应急后期处理

除上节在具体应急事件的应急措施中涉及的后期处理要点外，还应包括如下四点：

1. 信息公开

事故发生后，由运维管理单位安全生产领导小组将应急救援各阶段进展情况及时准确向新闻媒体通报，发布的信息时必须以事实为依据，与政府主管部门一同，客观准确表述事故态势、发展状况及救援情况。

救援结束后，事故调查和处理信息由政府主管部门统一发布。信息发布内容应包括：

发生事故工程基本情况、事故发生经过和事故救援情况、事故造成的人员伤亡和直接经济损失、事故发生的原因和事故性质、事故责任的认定以及对事故责任者的处理建议、事故防范和整改措施。

2. 灾后恢复

应急状态解除后，运维管理单位应采取多种措施防止自然灾害、事故灾难、衍生事件或者重新引起社会安全事件，尽快消除事故灾难影响，妥善安置和慰问受害及受影响人员，保证社会稳定；组织受影响地区尽快恢复生产、生活、工作和社会秩序，尽快恢复综合管廊正常运营。

作为企业，运维管理单位也应评估和弥补无形的损失，包括企业品牌和社会声誉；同时也应评估、修复与相关部门单位（如管线单位）的关系。

3. 资源补充

应急事件的威胁和危害得到控制或消除以后，运维管理单位应当对征用物资和救援物资进行清点并及时补充。同时应及时组织和协调公安、交通、建设、社会资源等有关部门恢复社会治安秩序，尽快修复被损坏的通信、供电、排水、供水、供气等公共设施。

4. 总结和追责

应急事件后，现场综合管廊事故灾难应急机构应整理和审查所有的应急记录和文件等资料；总结和评价导致应急状态的事故灾难原因和在应急期间采取的主要行动；必要时，修订综合管廊应急预案，并及时作出书面报告。

应急状态终止后的两个月内，现场综合管廊事故灾难应急机构应向领导小组提交书面总结报告。总结报告包括：发生事故灾难的综合管廊基本情况，事故灾难原因、发展过程及造成的后果分析、评价，采取的主要应急响应措施及其有效性，主要经验教训和事故灾难责任人及其处理结果等。

运维管理单位应对事故灾难原因进行针对性分析，根据情节轻重给予主要责任人警告至开除处分。事故原因涉及安全工作不部署、责任不落实、检查不到位的有关公司部门，将给予通报批评；涉及事故原因隐瞒不报、谎报、故意拖延报告期限，对发生灾后原因问题调查进行阻碍干扰的，根据情节轻重给予相关责任人警告至记大过处分；连续发生因部门疏忽的较大事故和经济损失的，将根据情节轻重给予有关责任人记过至开除处分。

7.3.6　应急保障

1. 信息预报保障

信息预报是抵抗风险、化解风险的关键因素。运维管理单位应安排专人通过广播、电视、网络来收集信息，对突发自然灾害信息及党政机关发布的公告等信息随时了解、掌握，并与市、区相关政府部门取得联系，以做到信息准确、渠道畅通及预见性。

2. 通讯与信息保障

运维管理单位应建立并完善综合管廊安全信息库、救援力量和资源信息库，规范信息获取、分析、发布、报送格式和程序，保证信息资源共享。

运维管理单位所有人员手机必须 24 小时开通，同时明确联系人、联系方式，保证应急响应期间通信联络的需要；能够接收、显示和传达综合管廊事故灾难信息，为应急决策和专家咨询提供依据；能够接收、传递省级、市级地下空间应急机构应急响应的有关信息；能够为综合管廊事故灾难应急指挥、与有关部门的信息传输提供条件。

3. 后勤保障

运维管理单位建立抢险应急救援物资储备制度，随时作好自身抢险应急救援物资的储备，并加强对储备物资的管理，防止储备物资被盗用、挪用、流失和失效，对各类物资及时予以补充和更新。

应急救援装备、设备清单见表 7.3-1。

应急救援装备、设备清单　　　　　　表 7.3-1

装备	作用	示意图
防爆对讲机若干	保证各救援分队与指挥机构短程内的信息畅通	
个体防护器材	确保应急救援人员个体安全	
警戒线	紧急情况下设置警戒区域,禁止人员进入	
灭火器材若干	小型火情自救	
防爆应急照明若干	紧急情况照明	

4. 应急队伍保障

运维管理单位应组织以公司主要领导和相关部门工作人员为主的抢险救灾队伍。并且由组长对抢险救灾队伍进行针对性的抢险救灾技能演练，提高队伍快速反应能力和实战能力，同时组建、掌握一支人员精干，装备到位，训练有素，反应迅速的机动救援分队，随时准备执行救援任务。

5. 交通运输保障

在出现险情时，应积极投入抢险抢修工作，确保交通畅通；同时组织落实好抢险运输车辆，并保证在接到指令后及时投入足够的车辆参加抢险工作。

6. 培训与演习

运维管理单位应对所有工作人员进行相关知识的培训并组织定期演习。综合管廊项目在运营后三个月内，运维管理单位总经理应组织所有应急组织人员和单位，在现场模拟演练应急事件的处理情况，同时启动外部响应，检查是否到位、有效；以后不超过 6 个月一次的复练、复查，找出不足和存在问题，及时进行修订。

本章参考文献：

［1］ 刘光武，王富章．城市轨道交通运维安全应急管理及信息化［M］．北京：中国铁道出版社，2015.

［2］ 王恒栋．城市市政综合管廊安全保障措施［J］．城市道桥与防洪，2014（2）：157-159.

第8章 综合管廊建设管理模式及经济性分析

8.1 建设管理模式

针对综合管廊的建设和运行特点，一些建设综合管廊的国家和地区，采取制定法律法规来加强综合管廊的管理，规范各方面的行为。综合管廊建设管理模式主要有以下三种：

1. 政府统一管理模式

由地方政府出资组建或直接由已成立的政府直属的投资平台公司负责融资建设，项目建设资金主要来源于地方财政投资、政策性开发贷款、商业银行贷款、组织运营商联合共建多种方式。项目建成后由政府平台公司为主导，通过组建专门机构等实施项目的运维管理。这种模式结构简单、操作方便，但往往造成机构臃肿、效率低下，在成本控制和专业化程度上不足。在政策法律环境不完善的情况下这种模式较为常用，我国早期建成的大部分管廊都采用了这种模式。

2. BOT 模式

这种模式下政府不承担综合管廊的具体投资、建设以及后期的运维管理工作，所有这些工作都由被授权委托的社会投资商负责。政府通过授权特许经营的方式给予投资商综合管廊的相应运营权及收费权，具体收费标准由政府在通盘考虑社会效益以及企业合理合法的收益率等前提下确定，同时可以辅以通过土地补偿以及其他政策倾斜等方式给予投资运营商补偿，使投资商实现合理的收益。社会投资商可以通过政府竞标等形式进行选择，这种模式政府节省了成本，但为了确保社会效益的有效发挥，政府必须加强监管。

3. PPP 模式

由政府和专业运维公司、管线单位、施工单位或社会资本共同出资组建股份制 PPP 项目公司，全权负责项目的投资、建设以及后期运维管理，项目风险与收益由各方共同承担。此外，引入专门的运维公司，可以大幅提高专业化程度，降低运行成本，提高运营效率。同时，日常运维管理费用由政府和管线单位共同分担的模式与政府或管线单位单独承担相比，政府和企业的负担都可以大大降低，有利于管廊的正常运营。

8.2 费用收取现状及问题

8.2.1 我国综合管廊收费现状

我国国内在 2015 年之前主要采用政府全部出资方式建设综合管廊，政府部门负责综合管廊的运维，或委托专业公司进行，管线单位无偿使用。目前，部分综合管廊建立了有偿使用制度，并制定了收费标准。

2005 年，广州大学城综合管廊参照了国外及我国台湾地区的运行模式，确定了管廊的收费模式，广州市物价局发布《关于广州大学城综合管沟有关收费问题的批复》（穗价函〔2005〕77 号）对广州大学城综合管廊进行定价，管廊入廊费收费标准参照各管线直接敷设成本（不含管材购置及安装费用），对进驻综合管廊的管线单位一次性收取管线入廊费，按实际铺设长度计收，综合管廊日常维护费用根据各类管线设计截面空间比例，由各管线单位合理分摊的原则确定。开启了我国综合管廊收费模式的先河。

广州大学城综合管廊管线入廊费、日常维护费用具体规定如下：（1）饮用净水水管（直径 600mm）每米收费标准为 562.28 元；（2）杂用水水管（直径 400mm）每米收费标准为 419.65 元；（3）供热水水管（直径 600mm）每米收费标准为 1394.09 元；（4）供电电缆每孔米收费标准为 102.70 元；（5）通信管线每孔米收费标准为 59.01 元。见表8.2-1。

广州大学城综合管廊收费标准　　　　　　　　　　　　表 8.2-1

管线	饮用净水	供电	通信	杂用水	供热水
截面空间比例（%）	12.70	35.45	25.40	10.58	15.87
金额（万元/年）	31.98	89.27	63.96	26.64	39.96

2013 年，厦门市物价局发布《厦门市物价局关于暂定城市综合管廊使用费和维护费收费标准的通知》（厦价商〔2013〕15 号），综合管廊入廊费以设计院测算的各类管线使用费直埋成本（不含管材购置及安装费用）为基数，并考虑适当利润，拟定综合管廊使用费试行标准，综合管廊日常维护费根据各类管线设计截面空间比例，由各管线单位合理分摊。

在珠海市高新区管委会协调下，珠海市也制定了入廊费和运维费收费标准，但至今为止，尚未收到任何费用。上海、郑州等城市也均有完善的管廊立法程序及收费定价机制，但均因各种原因而未实施收费。目前，我国仅有广州大学城和厦门市综合管廊项目制定了收费标准并实际收取费用。

2015 年 12 月，发改委、住房城乡建设部联合发布《关于城市地下综合管廊实行有偿使用制度的指导意见》（发改价格〔2015〕2754 号），明确入廊管线单位向管廊运维单位支付管廊有偿使用费，并提出了制定收费标准的三种方法：

（1）原则上由运维单位与管线单位自行协商；

（2）协商不成的由所在政府组织价格、住房城乡建设主管部门等进行协调，通过开展成本调查、专家论证、委托第三方机构评估等形式，为供需双方协商确定有偿使用费标准提供参考依据；

（3）暂不具备协商条件的实行政府定价或政府指导价。

综合管廊的收费标准设计，总体原则是"谁受益，谁缴费"，内容涉及入廊管线单位具体是买断还是出租管廊；另外一个关键点是"资金如何可回收"，即费用通过什么方式缴纳，以确保费用的有效收缴。在综合管廊运维管理中，可能会存在入廊管线单位欠费或延迟缴费问题，这类问题如何规避，是制度设计的关键。

8.2.2 综合管廊项目收费问题

综合管廊实行有偿使用制度改变了以往传统免费使用模式,制定收费机制和收费标准过程中遇到的主要问题和难点如下:

1. 管线单位协调困难

我国国家性质决定了我国管线单位的国有性质,其中电力企业隶属主管部门为国家能源局,通信企业主管部门为工业和信息化部,水务企业主管部门为住房城乡建设部等,看似简单的综合管廊使用费用分摊机制设计却涉及国家资源和利益的重分配。

在项目实施过程中,由于项目主管单位对各管线没有管理和约束权力,因此在综合管廊收费机制和收费标准的制定过程中存在协调困难。制定综合管廊收费机制和收费标准需要管线单位提供大量的基础资料,包含管线直埋敷设成本、维护费用等,用于计算管线入廊后获得的收益或减少的成本,但在实际操作过程中,因为涉及承担综合管廊建设和维护的费用,管线单位的配合存在一定困难;同时,在我国以往的市政工程建设过程中,有些地方政府承担了管线单位的部分建设费用,比如,很多城市的电缆沟为政府投资建设,电力部门可以直接免费使用,电力部门希望延续免费使用的模式,为综合管廊收费标准的制定造成阻碍;另外,管线单位分摊综合管廊日常维护费,各个管线单位对分摊原则和分摊标准不易达成一致意见。综合管廊收费标准的具体制定实施,需要国家层面的顶层设计,对各个管线单位的利益进行一定的协调。

2. 收费理念认识不足

综合管廊项目建设成本巨大,集约化的管道敷设方式改变了传统市政管线建设维护方式,需将"使用者付费"的理念引入综合管廊建设运营中,但目前对于综合管廊收费里面存在一些错误认识。有些地方政府认为管线单位作为综合管廊的使用主体,依据"使用者付费"原则,应该承担综合管廊全部的建设运营成本,各管线单位进行分摊。有些管线单位认为综合管廊仅仅免除了直埋方式的开挖过程,因此仅仅承担直埋管线的单次敷设成本(不包含管材购置及安装费用)或者承担在综合管廊设计寿命周期内,各管线在不进入管廊的情况下的全部敷设成本(不包含管材购置及安装费用)。这些观点均体现出对综合管廊收费理念的认识不足,收费理念不完整,也不公平合理,没有对综合管廊建设带来的效益进行深入分析,不利于综合管廊的可持续建设。

3. 入廊率限制收费方式

综合管廊的管线入廊率在运营前期处于一个较低的数值,主要原因如下:

(1)国内目前最新的综合管廊国家标准提出要求,综合管廊作为城市生命线工程,综合管廊的结构使用年限要达到一百年,才能充分体现出综合管廊的价值。综合管廊作为百年工程,要服务一百年甚至更久,需要为未来远期的城市地下市政管线预留空间,部分预留空间可能在管廊投入使用几十年后才会被逐渐使用,综合管廊管线入廊率才会逐渐提高。综合管廊服务百年的社会属性,导致综合管廊使用率在较长一段时间内都处于较低水平。

(2)综合管廊是为城市地下市政管线服务的,市政管线是为服务范围内居民和企业服务的。对于老城区来说,综合管廊周边地块开发基本完善,改迁现状管线或新建管线入廊即可,综合管廊投入使用时可保证一定入廊率。新城区建设基本先建设市政道路,配合市政道路同时建设综合管廊，然后大力度开发周边地块，在周边地块开发达到一定程度时，市政管线才开始逐渐入廊，而综合管廊目前主要在各地新区中建设，这将导致大部分地区按长期需求规划的土建工程内管网的入廊率将在管廊建成后十余年都难以实现较高的入廊率。

前期入廊率低，会直接影响综合管廊入廊费和运营维护费的收取方式。如果按照综合管廊实际入廊率收取费用，则入廊费收取过低，收取的日常维护费低于日常维护成本，项目公司资金运转不畅，政府进行可行性财政补贴，政府财政压力增大，影响综合管廊项目的可持续建设；如果按照全部理论费用收取，管线未入廊并产生相应收益，管线单位财务压力较大，更加影响管线单位入廊积极性。同时日常运维费按照入廊率收取，前提是前期预估满负荷日常维护费用基本准确无误，在实际运维过程中，满负荷运行需要相当长的一段时间，而如果前期预估成本同实际运行成本差距较多，则面临长时间费用的补交或退还，项目公司同管线单位不易达成一致。因此综合管廊运维前期入廊率较低的现象，将是影响综合管廊合理收费方式的一个难题。

4. 费用分摊不够细化

目前，在日常维护费分摊中依据主要原则是"使用者付费"原则，即谁使用的谁付费，根据使用强度分摊，但我国综合管廊的日常维护费主要是根据各入廊管线占用管廊空间的比例进行分摊，该种分摊方式存在争议。综合管廊空间包括各管线的实体空间，各种管线配套的支墩、支架等空间，管道安装和检修的必要空间，以及其他公共空间。管线占用的空间主要有两种计算方法，一种是管线的实体空间；一种是管线的使用空间，包含管廊支墩、支架等配套设施和管线的空间，同时还要分摊管廊中的公共空间。综合管廊的空间只和日常维护费中的一部分有直接关系，比如照明、通风等动力费用，与其他费用没有直接关系。并且，空间分配过程中关于公共空间的分摊计算，需要综合考虑公平合理的分摊原则，不然影响管线单位的入廊积极性，也无法保证综合管廊建设的可持续性。

尽管综合管廊建设管理面临重重难题，但各地的探索创新并未停止。厦门在翔安新机场片区运用 PPP 模式，通过招标选择社会资本共同成立项目公司，负责投融资、建设、运维，项目公司通过"使用者付费"及必要的"政府付费"获得合理投资回报。为调动入廊管线单位的积极性，以及为后续运营收费管理提供方便，苏州市创新投融资模式，由城投公司牵头，与供电、水务、电信、移动、联通、江苏有线 6 家公司共同出资组建了苏州城市地下综合管廊开发有限公司，作为市区范围内地下综合管廊投资建设运营主要实施主体，被授予特许经营权 25 年。

8.3　运营维护费用测算

从对国内部分已运营管廊的运维管理情况来看，在传统的运维管理模式下比较合理的运维管理费用在每公里 40 万～60 万左右（假定 2 舱室、不计大中修），费用按照舱室多少有略微提升。

8.3.1　维护费用构成

综合管廊的日常维护费用指管廊自身及其附属设施的运营费用，主要包括人员费用、养护费用、运行费用、专业检测费用、应急处置费用（或不可预见费）及相关税费等，而入廊管线自身的安装、运维费用、折旧费用等由各管线单位自行承担。

1. 人员费用

人员费用是指保证运维管理单位工作正常开展所需管理、技术人员的人工支出，此项按照运维管理单位人员编制和当地就业人员平均工资确定。

2. 养护费用

养护费用包括主体结构、附属设施设备（网络设备、现场控制器、传感器、配电设备、排风机、水泵、照明灯具等）的保洁、保养、维修费用。日常养护费用依据设施量和保洁、保养、维修频次计算。

3. 运行费用

（1）日常费用：主要用于维持管廊业务正常开展所支出的办公费、车辆使用费、劳动保护费以及差旅费等。

（2）水电费：主要用于配电设备、监控设备、水泵、风机、照明等用电支出以及管廊卫生保洁用水支出。

4. 专业检测费用

专业检测费用包括管廊沉降和位移观测费及消防年检费等。

5. 应急处理费

应急处置费用是指因自然灾害等不可抗力或无法追溯责任的事故造成损失的修复和赔（补）偿费用。

6. 运维管理单位利润

运维管理单位利润可由业主单位和运维管理单位双方根据运营服务要求和质量共同确定。

7. 相关税费

按技术服务行业营改增相应税率计税。

8.3.2 维护费用分摊

日常维护费主要用于弥补管廊日常维护、管理支出，由入廊管线单位按确定的计费周期向管廊运维管理单位支付。各管线单位支付的日常维护费用可按照使用空间进行分摊，具体划分原则如下：

（1）综合管廊使用空间首先按照舱室进行划分；

（2）各舱室空间分为公共空间与管线的使用空间；

（3）各舱室相近相似管线组成一个单元，以单元为基础计算使用空间；

（4）单元内部之间管线按使用空间进行分摊；

（5）公共空间是管廊内部空间减去各单元所占空间之和，公共空间按照管线单元平摊。

管线使用空间存在两种计算方式，一种方式计算管线占用的空间，包含管线支架、基础等，另一种方式将各个单元由于其安全距离等原因，造成其他管线无法使用的空间，划分到这一单元区域中。本书以某单舱和三舱管廊为例，计算分析两种方式。

单舱综合管廊总长 901.35m，三舱管廊总长 5580m，由其断面图可知总的空间体积为：

第一种管线使用空间计算方式，划分空间如图 8.3-1(a)、(b) 所示。

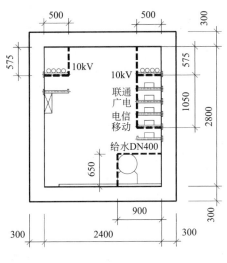

(a) 单舱

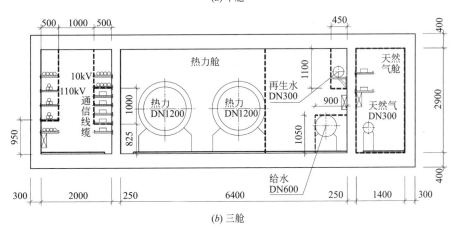

(b) 三舱

图 8.3-1　第一种管线标准断面图截面划分

第二种管线使用空间计算方式，划分空间如图 8.3-2(a)、(b) 所示。

采用这两种计算方法，得到各个单元的空间占比如表 8.3-1 所示。

各管线空间占比计算表　　　　　　表 8.3-1

单元种类		给水管				电力电缆			
		A	公共 1	B	公共 2	A	公共 1	B	公共 2
第一种	面积（m²）	0.59	5.01/3	0.95	5.22/3	0.58	5.01/3	1.53	3.78/2
	总面积（m²）	2.26		2.69		2.25		3.42	
	舱室面积	6.72		28.42		6.72		28.42	
	长度（m）	901.35		5580		901.35		5580	
	占空比（%）	10.36				12.82			

续表

单元种类		给水管				电力电缆			
		A	公共1	B	公共2	A	公共1	B	公共2
第二种	面积(m²)	0.26	5.61/3	0.63	11.64/3	0.32	5.61/3	1.07	4.22/2
	总面积(m²)	2.13		4.51		2.19		3.18	
	舱室面积	6.72		28.42		6.72		28.42	
	长度(m)	901.35		5580		901.35		5580	
	占空比(%)	16.47				11.98			

单元种类		通信电缆				热力水管			
		A	公共1	B	公共2	A	公共1	B	公共2
第一种	面积(m²)	0.52	5.01/3	0.5	3.78/2	—	—	11.88	5.22/3
	总面积(m²)	2.19		2.39		—		13.62	
	舱室面积	6.72		28.42		6.72		28.42	
	长度(m)	901.35		5580		901.35		5580	
	占空比(%)	9.4				46.16			
第二种	面积(m²)	0.53	5.61/3	0.5	4.22/2	—	—	6	11.64/3
	总面积(m²)	2.4		2.61		—		9.88	
	舱室面积	6.72		28.42		6.72		28.42	
	长度(m)	901.35		5580		901.35		5580	
	占空比(%)	10.17				33.49			

单元种类		再生水管				天然气
		A	公共1	B	公共2	三舱断面图中燃气舱室
第一种	面积(m²)	—		0.5	5.22/3	—
	总面积(m²)	—		2.24		4.06
	舱室面积	6.72		28.42		28.42
	长度(m)	901.35		5580		5580
	占空比(%)	7.59				
第二种	面积(m²)	—		0.29	11.64/3	—
	总面积(m²)	—		4.17		4.06
	舱室面积	6.72		28.42		28.42
	长度(m)	901.35		5580		5580
	占空比(%)	14.13				13.76

其中，A代表单舱标准断面，B代表三舱断面；公共1代表单舱断面的公共空间，公共2代表三舱断面公共空间。

由表8.3-1可知：

（1）对于电力电缆及通信线缆而言，无论两种分配方式的哪一种，对其占空比影响不大。

（2）对于热力水管而言，第二种计算占空比的方式可以减少其计算值，使得再生水管及给水管的计算值变大。

（3）对于给水管和再生水管而言，第二种占空比的计算方式，使其的计算值变大。

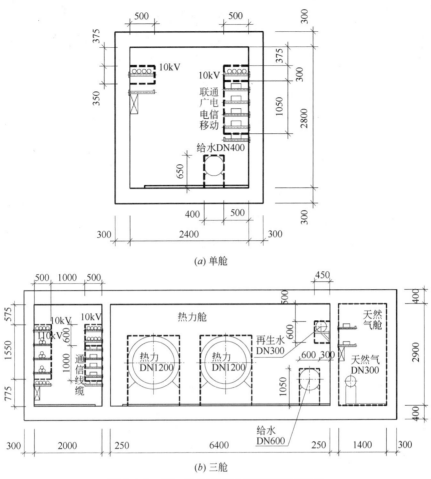

图 8.3-2　第二种管线标准断面图截面划分

（4）对于天然气舱室而言，由于其是独立成舱，故而无论哪种计算方式都对其计算占空比没有影响。

（5）根据其占空比的对比情况，由于第二种计算方式使得各个管线间，所占空间比例（最大占孔比与最小占空比相差 23.32%）比第一种方式（最大占孔比与最小占空比相差 36.76%）较小。

因为综合管廊舱室空间是由所有管线单元共舱的效果，舱室高度和宽度不是单一的管线单元所决定，而是多个单元相互协调整合造成，故不应以单一管线单元放置位置影响其他管线放置，而判定该部分空间是由该管线单元承担，所有第二种计算方式相对公平合理。

8.4　保障措施

8.4.1　完善收费机制

1. 建立收费问题协调机制

因综合管廊收费机制涉及多方利益，需要国家层面的顶层设计，建立多部门、多单位协调机制，协调地方政府和管线单位利益合理分配，根据市场化原则进行详细测算。相关部委出台政策文件，积极鼓励各管线入廊，并配合综合管廊有偿使用费用的测算，并提供相关测算资料。增加管廊收费标准测算资料收集途径，除了从管线单位收集资料以外，多部门收集测算基础资料，比如收集城市管网普查资料，收集管线设计、施工资料，参照城市水费、燃气费用等定价材料中的相关数据，增加基础数据资料的合理性和全面性。建立综合管廊收费问题的协调机制，除了便于确立综合管廊收费机制和标准，更为后期确保执行收费标准提供保证。

2. 完善综合管廊收费理念

制定综合管廊收费标准时，将针对管线单位的"使用者付费"原则，延伸扩大到针对全项目和大区域的"受益者付费"原则，将政府和管线单位因综合管廊建设的获得或节省的效益一起考虑。综合管廊项目可能会附带产生土地效益、交通效益、环境效益等，从整个项目和整个区域全局考虑综合管廊项目的收益，通过系统方法计算，分析政府和管线单位因该综合管廊项目而获得或节省的成本，从而确定政府和管线在该项目和区域中承担的建设费用比例。从整个项目和区域的角度出发，采用"受益者付费"原则，政府和管线单位承担相对公平、合理的责任，保证综合管廊的可持续性建设。

3. 确保收费机制和标准合理性

完善综合管廊收费标准，依据综合管廊建设区域和时序，考虑项目预期入廊率，区分设置综合管廊的收费时限和收费金额（如区分新区、旧区建设管廊，分别设置管廊开始收费的时间、分摊年限及每年分摊金额等），寻找最适当的管线单位缴费时间和金额，才能保证管线单位的积极配合，减少政府的财政压力，最终政府和管线单位达到双赢，保证综合管廊项目建设的可持续性。

4. 细化收费标准分摊方法

综合管廊日常维护费包含人工费、电费、水费、维护费、企业管理费等，将各个分项依据"使用者付费"和"受益者付费"的原则进行分摊，不能简单地全部按照空间比例进行分摊，还应与管线单位的使用强度等因素相结合。比如：综合管廊运维管理中的人工费跟管廊的长度、舱室个数是直接相关的，因此人工费就可以根据舱室个数进行分摊；在综合管廊大中修费用中，只有涉及大数量电力缆线的舱室设置了自动灭火系统的，因此该部分大中修费用应该由电力单位全部承担；电费主要跟综合管廊的空间有关，可以依据空间比例进行分摊。在综合管廊实际的运维过程中，如果设置了详细的运维过程控制，可以更加细化分摊综合管廊日常维护费用。

8.4.2 完善法律法规体系

由于综合管廊建设牵涉利益方众多，参照日本、中国台湾地区的经验，综合管廊建设必须立法先行，通过建立完备的法律法规明确各参与方之间的权利和义务。一般包括综合管廊综合性管理法、融投资等配套政策以及地方性补充条例三个部分。综合管廊立法须明确以下几个重要问题：

（1）综合管廊权属问题，明确综合管廊建设用地范围内地下空间土地使用权、综合管廊所有权和经营权等内容。

（2）综合管廊建设主体和协调机制，明确综合管廊的建设、运营主管部门和职责，与其他参与方之间的沟通协调机制等。

（3）综合管廊建设费用分摊方式，明确在不同投资模式下综合管廊投资建设费用的分摊方法。

（4）综合管廊收益分配机制，明确综合管廊收费机制及利益分配方式。

我国综合管廊法律法规体系在很长一段时期处于空白状态。发展初期少数城市政府通过颁布地方性的综合管理办法来引导综合管廊建设，部分新区管理机构（如上海世博园、珠海横琴）通过出台区域性建设管理条例来解决综合管廊建设矛盾。近两年，随着国家城市建设发展方向的调整，中央政府越来越重视城市基础设施建设，而综合管廊建设也已被提升到一个新高度。近期，国务院及各部委相继发布多项指导意见推动综合管廊建设，国家层面的相关法律法规有必要加紧研究和制定。

8.5　综合管廊经济效益研究

城市市政管线（电力、通信、给水、排水、燃气及热力管线等）传统敷设以地下直埋为主，因管线更换和维护需要，需重复开挖道路，严重影响城市道路交通和居民生活环境，造成人力、物力的巨大浪费，且开挖过程中容易意外损坏管道，甚至造成安全事故。

综合管廊虽然社会效益显著，但一次性建设投资巨大，部分地区每千米甚至需要上亿资金。是否值得建设投入，需要充分考虑其直接与间接经济效益，与传统直埋方式进行对比分析。国内关于综合管廊的研究大部分集中在规划、设计及投融资模式，对经济效益的分析研究较少，且不彻底[2-4]。本节以典型管线及综合管廊断面为例，深入对比分析综合管廊的经济效益，为综合管廊的大规模推广建设提供参考。

8.5.1　管线及管廊的分析对象

1. 管线情况

设定拟敷设的直埋管线和综合管廊长度均为 1.0km，参照国内外综合管廊建设现状，并考虑到未来城市发展需求，入廊管线选择为给水管线、再生水管线、电力电缆、通信线缆、天然气管线以及热力管线。我国建设场地地势条件差异较大，考虑到重力流排水管渠对综合管廊竖向布置的影响，重力流排水管渠是否入廊需根据项目具体情况确定，故本书中综合管廊未纳入重力流的排水管渠。管线的规格及材质如表 8.5-1 所示。

管线的规格及材质　　　　　　　　　　　　　　　　表 8.5-1

序号	名称	规格	管材
1	给水管线	DN600	球墨铸铁
2	再生水管线	DN500	焊接钢管
3	电力电缆	14 回路	阻燃电缆
4	通信线缆	35 孔	阻燃电缆
5	天然气管线	DN500	无缝钢管
6	热力管线	DN600	焊接钢管

2. 综合管廊情况

依据文献[1]，根据入廊管线的种类和规格，经过合理布置和调整，综合管廊采用三舱断面形式。热力管道和通信电缆位于一个舱室，尺寸 $L \times B = 2.6\text{m} \times 2.6\text{m}$；给水、再生水管道以及电力电缆位于一个舱室，尺寸 $L \times B = 3.1\text{m} \times 2.6\text{m}$；天然气管道单独位于一个舱室，尺寸 $L \times B = 1.9\text{m} \times 2.6\text{m}$；综合管廊断面的内部净空面积为 19.76m^2，详细的断面如图 8.5-1 所示。

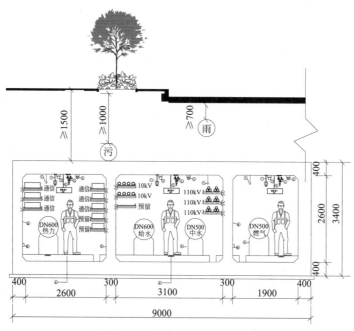

图 8.5-1　综合管廊标准断面图

3. 计算年限周期

据文献[1]，综合管廊主体使用年限应为 100 年，故本次比较分析计算期取为 100 年。

8.5.2　传统直埋管线成本

1. 直埋管线的建设成本

依据相关规范[5-7]，参照国内已建直埋市政管线建设成本，直埋管线的建设成本如表8.5-2 所示。

传统直埋管线的建设成本　　　　　　　　　　　　　表 8.5-2

序号	名称	数量(m)	单价(元)	合计(万元)
1	给水管线	1000	1881	188.1
2	再生水管线	1000	1439	143.9
3	电力电缆	1000	4120	412.0
4	通信线缆	1000	4020	402.0
5	天然气管线	1000	1624	162.4
6	热力管线	1000	4814	481.4
7	合计			1789.8

传统直埋管线单次建设成本为 1789.8 万元。

各种市政管线都有自己的生命周期，根据国内直埋地下管线平均使用年限分析，在 100 年计算期内，以上管线的总敷设次数为：电力电缆和通信线缆总敷设次数按 5 次计，给水、再生水、燃气和热力管线总敷设次数按 7 次计。假定直埋管线每次敷设成本折现后均与首次建设成本一致，在 100 年计算期内，直埋管线总的建设成本如表 8.5-3 所示。

传统直埋管线总的建设成本　　　　　　　　　表 8.5-3

序号	名称	单位	数量	使用寿命 （年）	100 年内敷 设次数	建设费用 （元）	合计 （万元）
1	给水管线	m	1000	15	7	188.1	1316.7
2	再生水管线	m	1000	15	7	143.9	1007.3
3	电力电缆	m	1000	20	5	412.0	2060
4	通信电缆	m	1000	20	5	402.0	2010
5	燃气管线	m	1000	15	7	162.4	1136.8
6	热力管线	m	1000	15	7	481.4	3369.8
7	合计						10900.6

在 100 年计算期内，直埋管线总建设成本 $EB_1 = 10900.6$ 万元。

2. 直埋管线的维护成本

传统直埋管线维护费用主要包括管线管理、管线检测、破损修复，管件更换、管道疏通、道路开挖与修复等费用。

依据《市政工程设施养护维修估算指标》HGZ-120-2011、《上海市城市道路掘路修复工程结算标准》（2008）等，结合国内市政管线维护费用情况，以上管线每年维护总费用折现后平均取 30 万元，在 100 年计算期中，维护期按 94 年计算，则管线的维护费用：$EB_2 = 30 \times 94 = 2820$ 万元。

3. 直埋管线的其他成本分析

直埋管线的其他成本分析主要包含道路质量折旧、交通阻滞、管线渗漏以及管线事故等成本。

（1）道路开挖对道路质量的影响

根据相关调查、研究发现，道路开挖后虽然进行了修复，但道路修复区由于受力模式发生变化、沟槽回填土路基产生过大的塑性变形和沿接触面的滑动剪切破坏等原因，过早出现沉降、平行开裂、龟裂、坑洞及突起等损坏，道路开挖对道路质量造成的影响，可以看作是加速折旧了局部道路。道路开挖对道路质量的影响公式：

$$EB_3 = \alpha \times A \tag{8.5-1}$$

式中　α——开挖对道路质量的影响系数；

　　　A——开挖道路路面的建设费用。

根据相关数据分析与论证，本书拟定建设和维护管道引起的道路开挖对道路质量的影响系数取为 0.35。根据《城镇道路路面设计规范》CJJ 169—2012，在 100 年计算期内，道路路面铺设次数为 7 次，拟定在单次铺设道路路面使用期间，道路开挖面积为 5000 m^2，道路修复成本为 350 元/m^2。

则 $EB_3 = 0.35 \times 7 \times 5000 \times 300 = 367.5$ 万元。

（2）道路开挖对道路交通通行的影响

传统直埋管线建设和维护等引起的道路开挖，直接影响了该段道路的交通通行，根据相关的研究和分析，该部分造成的经济损失费用计算公式为：

$$EB_4 = (DN_t^1 + DN_t^2)(1+i)^{-t} \tag{8.5-2}$$

式中　DN_t^1——第 t 年道路开挖造成的客运量影响费用；

　　　DN_t^2——第 t 年道路开挖造成的货运量影响费用；

　　　i——折现系数。

研究表明，我国劳动力对 GDP 贡献的实际份额在 0.58～0.61 之间，也即现阶段我国旅客的平均时间价值大体为每小时人均 GDP 值的 0.6 左右[8]。对于货运车辆时间延误的效益仅仅考虑耽误的货运时间所能够创造的价值。

①客运量影响费用

$$D_i^1 = \mu \alpha T_i Q_i \tag{8.5-3}$$

式中　μ——旅客节约时间中用于生产目的的比例，取 0.5；

　　　α——旅客的单位时间价值；

　　　T_i——第 i 年挖开路面时延缓的通行时间；

　　　Q_i——单位时间正常客运量人员数。

我国 2014 年人均 GDP 为 46531 元，城市人口人均 GDP 约为 70000 元，我国"三步走"发展战略，到 21 世纪中叶，人均国民生产总值达到中等发达国家水平，相当于人均 GDP 为 1 万美元，并在这个基础上继续前进，财政部预计 2020 年中国人均 GDP 将达 1 万美元，提前完成目标。现预估 2015～2115 年，我国城市人均 GDP 折现后平均约为 200000 元。

假定管线敷设道路，日均人流量为 5 万人，人均每日因开挖道路延缓的通行时间为 1min，直埋管线单次建设时间为 1 年，维护期间该道路每 2 年开挖一次，每年开挖路面时间为 20d。

②货运量影响费用

$$D_i^2 = bT_i Q_i \tag{8.5-4}$$

式中　b——为货运的单位时间价值；

　　　T_i——第 i 年挖开路面时延缓的通行时间；

　　　Q_i——为单位时间正常货运车数。

假设该段综合管廊建设地点没有货车通行，$D^2 = 0$。

则 $EB_4 = 2604$ 万。

（3）管线漏损成本

由于管材质量、管道接口、管道防腐及施工质量等原因，直埋管线出现一定比例的漏损，同时由于管线直埋于地下，渗漏也无法及时被发现维护，造成巨大资源的浪费，在管线抢修和维护期间，严重影响人民生活质量。

据《中国城市建设统计年鉴》（2012 年）统计，2012 年全国供水管道共为 591872km，水年漏损水量为 693056 万 m³/a，全国供水管道 342752km，天然气损失量为 206346 万 m³/a，造成了巨大的经济损失和资源浪费。经过分析和计算，本书中计算范围内自来水和天然气漏损量分别为 $12000m^3/a$、$7000m^3/a$，参考国内自来水和天然气单位体积费用。管线漏损费用：

$EB_4 = 810$ 万元。

8.5.3　综合管廊的建设成本分析

综合管廊的建设成本主要分为管廊主体和专业管线两个部分，其中管廊主体建设成本包括管廊的建筑工程、供电照明、通风、排水、自动化及仪表、通信、监控及报警、消防等辅助设施，以及入廊电缆支架的相关费用；专业管线成本包括入廊管线、电（光）缆桥架以及给水、热力、燃气管道支架和支墩等。

直埋地下管线由于氧化、挤压、外力破坏等各种原因，使用寿命较理论使用年限大幅减低。而综合管廊中管线受到管廊的保护不会受到挤压和外力破坏，且受到较好的维护和保养，管线的使用年限基本为管道的理论使用年限，本文中各类入廊管线的使用寿命按 50 年计，即 100 年内入廊管线更新次数为 1 次。根据《城市综合管廊工程投资估算指标》和《市政工程投资估算指标》，综合管廊的直接工程费用 EU_1 如表 8.5-4 所示。

综合管廊的建设费用

表 8.5-4

序号	项目名称	单位	数量	单价(万)	合计(万)
1	管廊主体	m	1000	6.1	6100
2	管线敷设	m	1000	2.8	2800
3	管线更换	m	1000	2.8	2800
合计					11700

1. 综合管廊管线维护成本

综合管廊入廊管线维护管理不需要开挖道路，同时管廊中检测系统实时监控，发现管线运行问题可以及时处理，避免了问题扩大化，故相同管线规模的综合管廊管线维护费用小于传统直埋管线的维护费用。因此综合管廊的管线维护费用可以在传统直埋方式管线的维护费用上取一个折减系数，其计算公式为：

假设总建设期为 2 年，从第 3 年开始维护保养，计算期按 100 年计算，每年管线的维护费用为 30 万。

$EU_2 = 0.4 \times 30 \times 98 = 1176$ 万元。

2. 综合管廊运维成本

综合管廊运行费用主要包括排水、电气工程、管廊检测以及通风系统等运行和维护费用。根据国内现状综合管廊运维费用分析，本书中综合管廊年运营费用取 30 万，计算期按 100 年计算。

$EU_3 = 98 \times 30 = 2940$ 万元。

8.5.4　经济效益对比分析

1. 直接成本比较

传统直埋管线费用和综合管廊成本比较如表 8.5-5 所示。

传统直埋管线费用和综合管廊成本比较（单位：万元）   表 8.5-5

传统直埋			综合管廊		
建设成本	其他成本	成本合计	建设成本	其他成本	成本合计
10900.6	6601.5	17502.1	11700	4116	15816

2. 间接效益分析

综合管廊集约化地下管线，将管线敷设方式由传统的平面错开式布置，调整为立体式布置，节省了地下空间，空余出了大量"干净土地"。在目前城市发展用地紧缺的情况下，"干净土地"为未来城市的发展提供了新的发展空间，也为城市发展提供了新的发展点，突破了城市地上发展的困境，也带动了周边区域的发展，为城市发展提供了无法估量的间接经济效益。

经过分析与计算，本书中综合管廊建设节省出的可开发地下土地面积为 5000m^2，根据大连、杭州、沈阳、无锡及上海等地出台的城市地下空间出让金相关法规条例，地下空间的土地出让金按土地基准价的 40% 计算，土地基准价采用 0.8 万/m^3，则综合管廊建设产生的土地效益：

$$EU_4 = 5000 \times 40\% \times 0.8 = 1600 \text{ 万元}。$$

3. 其他效益分析

有资料统计，南京市平均每天发生爆管事故 30 多起，北京市大型水管崩裂事故每 4 天一起，新闻报道中燃气管道、自来水管道以及电缆线路事故层出不穷。同时统计数字显示，2009 年到 2013 年，全国直接因地下管线事故而产生死伤的事故共 27 起，死亡人数达 117 人，据估算，国内城市每年因施工外力破坏造成的地下管线事故，造成的直接经济损失约 50 亿元，间接经济损失约 400 亿元。

管道安全事故严重影响人民生活质量，甚至威胁到生命安全，造成巨大资源、人力浪费和经济损失。由于该项经济损失涉及的因素比较多，故本书不予计算。

4. 综合比较

传统直埋管线费用和综合管廊成本与效益比较如表 8.5-6 所示。

传统直埋管线费用和综合管廊成本与效益比较（单位：万元）   表 8.5-6

传统直埋			综合管廊		
总成本	经济效益	合计	总成本	经济效益	合计
17502.1	0	17502.1	15816	1600	14216

通过直埋管线和综合管廊建设和运行成本的经济比较分析，综合管廊直接建设费用约是传统直埋管线的 5 倍，但综合管廊一次建设长久收益，管廊主体使用年限能达到 100 年，在 100 年管廊使用年限内，综合管廊较直埋管线总建设和维护成本降低 11%，经过效益分析和比较，综合管廊较直埋管线总的成本降低 23%。

综合管廊建成后，有效地保障城市管道安全，降低城市道路的翻修破坏，减少了交通拥堵，节省了地下空间，空余出了大量"干净土地"，促进周边土地升值，提高了人民生活质量和效率，带来了巨大的社会、经济和环境效益。

本章参考文献：

［1］ 中华人民共和国国家标准．城市综合管廊工程技术规范 GB 50838—2015 ［S］．北京：中国建筑工业出版社，2015.

［2］ 关欣．综合管廊与传统管线铺设的经济比较—以中关村西区综合管廊为例 ［J］，建筑经济，2009，S1：42-45.

［3］ 郭莹，祝文君，杨军．市政综合廊道费用—效益分析方法和实例研究 ［J］，地下空间与工程学报，2006，2 (7)：1236-1239.

［4］ 徐纬．从规划设计角度提高地下管线综合管廊综合经济效益浅析 ［J］，城市道桥与防洪，2011 (4)：202-204.

［5］ 建设部标准定额研究所．市政工程投资估算指标 HGZ 47-109—2007 ［M］．北京：中国计划出版社，2008.

［6］ 国家能源局．电力建设工程预算定额 ［M］．北京：中国电力出版社，2013.

［7］ 中华人民共和国工业和信息化部．通信建设工程预算定额 ［M］．北京：人民邮电出版社，2008.

［8］ 柳茂森．论旅客运输时间价值的决定 ［J］，公路交通科技，2001，18 (3)：97-100.

第9章 智慧运维技术与应用

综合管廊中收容了给水管道、热力管道、天然气管道、电力电缆、通信线缆等市政公用管线[1]，其作为解决城市地下管网问题的有效方式，代表了城市基础设施发展的方向和全新模式[2]。我国于 2015 年 4 月公示了第一批地下综合管廊试点城市[3]，随后出台了一系列政策支持综合管廊的建设发展。综合管廊的建设发展，避免了路面开挖对交通的影响、减少了不同地下管线间的施工碰撞问题[4]，但同时对综合管廊内各管线的安全运行和综合防灾能力提出了更高的要求。布满管线的地下综合管廊一旦在运维阶段发生故障和灾害事故，就会产生连锁效应和衍生灾害，直接威胁整个城市的公共安全，给人民的生活造成重大影响。智能化是综合管廊运维管理的重要发展方向，是实现智慧城市、智慧市政的主要手段，目前为止还没有关于综合管廊智能化运维管理的相关定义。从综合管廊智能化运维管理要实现的功能的角度分析，智能化运维管理即是能实现精确定位、运行安全保障、监测预警减灾、日常物业管理、应急处置等功能的集成智能化运维管理。

国内外关于综合管廊的相关研究，大多集中于综合管廊的可行性分析[5,6]、规划[7-9]、设计[9-11]以及建设[9,12,13]。针对综合管廊的运维管理，田强等[14]提出了以计算机技术、网络技术、电气控制技术及传感器技术为硬件基础的综合管廊智能化运维管理系统架构，通过具有集成功能的综合监控平台实现对综合管廊的实时控制；Kang Jin A 等[15]提出通过安装监控设备和处理闭路电视（Closed Circuit Television，CCTV）图像，对综合管廊进行实时监控，以应对综合管廊中的突发情况；珠海市横琴市政综合管廊工程项目中利用建筑信息化模型（building information model，BIM）将水泵、风机等设备信息提供给运维单位，以便于对故障设备的及时定位和维修[9]；此外，还有专利[16]将 3D 地理信息系统（Geographic Information System，GIS）和图像采集系统集成，以实现对综合管廊的三维可视化管理。总体而言，综合管廊运维管理相关的研究非常少，且主要针对某一项技术在综合管廊运维管理中的应用，并没有对综合管廊智能化运维管理涉及的相关技术进行整体分析。

综上，相较于综合管廊的广阔发展前景，在综合管廊运维管理等方面的技术研究还非常滞后，目前还没有形成一套较完整、较成熟的运维管理技术体系。随着综合管廊项目陆续建设和投入运营，亟须建立一套安全、高效、合理可行的智能化运维管理模式，为综合管廊的运维管理提供相应的技术支持。

9.1 技术背景

9.1.1 宏观分析

截至 2016 年 1 月，在中国知网（CNKI）数据库[17]中对综合管廊的文献检索结果如图 9.1-1 所示，关于综合管廊的相关研究总体呈增长趋势，且在 2015 年高速增长至 281

篇；进一步在 CNKI 数据库中检索与运维管理相关的文献，仅 2014 年和 2015 年各有 1 篇相关文献，占比仅为 4.4‰。在 Web of Science 数据库[18]中对 1991～2015 年间综合管廊相关文献的检索情况如表 9.1-1 所示，尽管总的文献数量仅为 40 篇，但研究趋势在逐渐增强；所有文献中与运维管理相关的文献有 12 篇，占比 30%，并且第一篇与运维管理相关的文献为日本学者于 1997 年发表[19]。对比国内外针对综合管廊运维管理的研究现状，国外的研究数量明显高于国内。分析原因，主要是因为综合管廊在国外的推行时间远远早于国内，大量的综合管廊都已经进入运维管理阶段。由此可见，随着国内综合管廊逐步建设完成并进入运维管理阶段，针对综合管廊运维管理领域的关注度和研究成果将会逐步增加、提高。

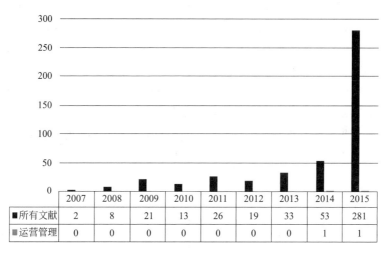

	2007	2008	2009	2010	2011	2012	2013	2014	2015
■所有文献	2	8	21	13	26	19	33	53	281
■运营管理	0	0	0	0	0	0	0	1	1

图 9.1-1　CNKI 中的文献数量

Web of Science 中 1991～2015 年间的文献数量　　　　表 9.1-1

	1991～1995	1996～2000	2001～2005	2006～2010	2011～2015	合计
运维管理	0	1	4	0	7	12
非运维管理	2	1	3	11	11	28
合计	2	2	7	11	18	40

　　整体而言，针对综合管廊运维管理的相关研究较少。由于综合管廊中敷设的是城市地下管线，因此本书将研究对象扩大至城市地下管线的安全运维管理。通过考察国内外城市地下综合管廊以及地下管线的相关研究，运维管理阶段主要存在如下一些问题：

（1）地下管线的信息化程度低，相关资料精度不高或与现状不符合，导致管线不能得到及时的维护及更新，最终造成地下管线破裂、爆炸、泄漏等安全事故[20,21]；

（2）不同地下管线部门的管理平台系统互不相通，信息和资源无法共享，无法满足政府进行社会管理和公共服务的需要[21-23]；

（3）大多数地下管线的数据仍采用 2D 格式存储，对理解地下管线的空间拓扑关系造成阻碍[4,23]；

（4）针对地下管线应急管理的智能分析和辅助决策水平亟须提高[22]；

（5）地下管线的管理体制复杂，涉及中央和地方两个层面、30 多个职能和权属部门，存在职能管理、行业管理以及权属管理三种交叉管理体系[21,24]。

相关统计[23]表明，我国每年因地下管线事故造成的直接经济损失以数十亿元计，2009～2013 年间媒体报道且影响较大的典型事故总计 75 例，其中因地下管线事故导致死伤的案例共 27 起，死亡人数达 117 人。造成地下管线安全事故的原因主要有如下几个方面[25-31]：施工和材料缺陷；建造、维修或者第三方管理过程中的机械损伤；操作失误；腐蚀、徐变和开裂；设备故障；地震、山体滑坡等不可抗力因素影响。

针对城市地下管线运维管理中存在的各种问题，为提高地下管线的安全运维管理水平，国内外研究者从不同的角度提出了技术解决方案。一方面从安全运营监测的角度出发，提出建立自动报警[32-35]、环境监测[19,36-39]、结构监测[31,40,41]、视频监控[15,32,41]等基于物联网技术的管理系统，实现对地下管线的实时监测。另一方面从可视化的角度出发，提出了基于 GIS[16,32,42-44]、BIM[4,22,45]等可视化技术的地下管线管理方案。此外，国内外研究者[4,14,22,25]均提出需建立统一的地下管线信息化管理平台，实现对地下管线的统一运维管理、安全监测和风险预警。

针对综合管廊现行管理模式的研究表明，单纯依靠人力的管理模式无法快速、准确应对管廊内发生的紧急事故[15]。通过对综合管廊运维管理技术需求分析可知，为提高综合管廊的安全运维管理水平，未来的研究可主要针对可视化运维管理、智能监控以及统一管理平台 3 个方面。

9.1.2　智慧运维关键技术

1. 可视化运维管理

由于目前建立的地下管线管理系统大多为二维系统，不能生动地表现具有三维特征的客观实体，并且对理解管线的空间拓扑关系造成困难[4,46,47]，因此可视化技术在地下管线管理中的应用需求显得十分迫切和必要。作为信息可视化管理工具，GIS 和 BIM 都能建立空间信息数据模型[48]（GIS 主要应用于建筑外部的宏观区域建模，BIM 主要应用于建筑内部的精细化建模），并且都能应用于相同的领域，例如对城市市政基础设施信息的查询和管理。

GIS 的核心特点是能够描述地形、经济、交通以及既有建筑的分布情况，能够使用任何坐标系来展示空间三维细节，因此在路线规划[49]和风险预警[44]等领域扮演了十分重要的角色。GIS 可以应用地下管线的空间建模和数据叠加。一方面，通过 GIS 和遥感数据的集成，可以实现管线最优敷设路径的选取[49]；另一方面，在 GIS 中集成管线的几何信息、人口密度以及相关安全事故等信息，可以实现周边建筑物、构筑物以及周边管线等的安全风险管理[50]。针对 GIS 的空间定位功能，有研究将 GIS 作为数据的基础集成平台，结合力学分析模型，实现了对长距离输送管道薄弱点的空间分析和可视化定位[51]。针对灾害管理相关应用程序的研究显示，GIS 系列应用程序是目前运用范围最广、效果最好的，能够辅助决策者从地区或者城市的精度范围进行危机反应和灾害管理[43,52]。例如，运用 GIS 建立的城市地下天然气管道火灾预警模型，能够迅速确定受天然气管道影响的危险区域，同时判定可能造成天然气火灾蔓延的区域[42]，这对预防和控制危险性火灾、部署消防力量具有重大意义。此外，为提高对管理者的决策支持，有研究将城市地下管线网 GIS 系统与数据挖掘模型结合，实现了地下管线的数据集成、数据挖掘以及有用信息的高效获取[53]。

BIM 技术能够应用于项目的全寿命周期中[54]。通过 BIM 运用流程收集并存储于 BIM 兼容数据库中的信息，有助于运维管理阶段各项工作的开展，如系统调试和收尾、质量控制和保证、能源管理、维护和维修以及空间管理等[55]。随着 BIM 技术的发展成熟，BIM 相关的研究、应用也从房屋建筑领域逐渐延伸至基础设施领域[56]，如地铁站运维管理[57,58]、基础设施灾害管理[59]、数据中心运维管理[60]等。buildingSMART 组织也于 2013 年推出了 BIM 在基础设施领域的相关数据标准[61]。针对地下管线管理机构以及工程顾问公司管理人员的问卷调查[4]结果显示，受访者普遍认为 BIM 的可视化和数据集成功能有利于对地下管线的运维管理。此外，丁烈云等[22]也提出了将 BIM 技术应用于城市地下管线运维管理的具体实施架构。

尽管 GIS 和 BIM 具有相似的使用功能，且都能运用于城市地下管线的运维管理中，但是他们背后的技术和标准有很大的不同。BIM 可以用于综合管廊内部各类信息的管理，但在准确定位大场地范围内的物体、连接不同的复杂物体、周边地形信息管理以及空间查询等方面存在不足[62]；而 GIS 主要用于处理大尺度范围的工作，在综合管廊内部精细化管理方面存在不足。面临实际运维管理需求以及相关技术水平的不断提高，BIM 必然将与 GIS 深度融合[63]。其中，GIS 提供综合管廊及周边信息的宏观模型，为区域管理、系统宏观管理、空间管理、灾害管理等提供基础；BIM 提供综合管廊内部的精细化模型，为设备设施管理、维护维修管理、安全管理、应急管理以及逃生等提供基础。为了更好地将 GIS 和 BIM 结合应用，两者间的数据集成已经成为一个重要的研究方向，多项研究分析了将 BIM 和 GIS 数据有效集成的路径及益处[64-66]。

2. 智能监控

物联网（Internet of Things，IOT）技术是智能监控的核心部分，其利用传感器、执行器、射频识别（radio frequency identification，RFID）、二维码、全球定位系统、激光扫描器、移动手机等信息传感设备对物体进行信息采集和获取[67-69]；依托各种通信网络随时随地进行可靠的信息交互和共享[67,70,71]；利用各种智能计算技术，对海量的感知数据和信息进行分析处理，实现智能化决策控制[71,72]。IOT 技术能应用于运输与物流、智能家居/建筑、智慧城市、环境监测、库存和产品管理、安全监督等诸多领域[67,70,73]。

近年来，将 IOT 技术应用于市政设施和地下管线智能监控的相关研究[15,22,32,73-79]逐渐增加。例如，针对综合管廊中的火灾应急管理，有学者在 1997 年便提出利用光纤温度传感系统对综合管廊内的火灾热能和热释放进行估值[19]；有研究探索了 IOT 技术在综合管廊安全管理领域的应用，通过安装监测装置和处理 CCTV 图像，实现对综合管廊的实时监控，以便对管廊内的突发事故做出响应和处理[15]；Salman Ali 等[75]针对 IOT 技术在地下石油和天然气管道监测工作中的应用进行了分析，研究表明通过传感器、RFID 的运用够有效提高石油、天然气等地下管线的安全管理水平；针对地震等自然灾害对地下管线安全运营的影响，有研究[74]利用分布式光纤传感器进行监测，实验结果表明，使用分布式光纤传感器能够对地下管线的损害以及管线在土壤中的位移进行可靠的监测和定位。目前，IOT 技术主要集中于对管廊环境以及管线信息数据的实时采集和获取[15,33,74,75,80,81]，但主要针对某一类管线或某一类指标的监控，对于多个 IOT 监控系统地整合，以及整合后的数据挖掘、决策支持，即对构建智能监控系统还研究得较少。

3. 管理平台

针对地下管线复杂的管理体系[21,24]以及不同管理平台间普遍存在的"信息孤岛"现象[21-23]等问题，亟须建立统一的地下管线信息资源共享服务平台[22,23]，以实现对地下管线的安全运营、有效监控和预警。

在运维管理平台的商业化软件市场上，全球市场占有量第一的是 Archibus。Archibus 在空间管理、能耗管理、资产管理等方面都有非常好的运用，但其主要采用基于平面数据的运维管理模式[63]，在可视化方面仍有很大的不足。随着 IOT 技术在运维管理中地应用，多种基于 IOT 技术的运维管理平台[82]相继投入使用，这些平台在实时监控、应急管理等方面有很好的表现，但同样在可视化方面还有待提升。此外还有一些基于商业软件（如 Revit[57]、ArcGIS[42]等）的二次开发平台，这些平台在可视化方面基本可以满足相应需求，但在性能和功能的扩展方面均有受限。值得一提的是，为了将 BIM 与GIS 融合应用于城市设施的运维管理中，有研究[62]在基于互联网协作的运维管理平台上进行了二次开发，建立的城市信息模型将运维管理的范围扩大至包含城市要素、建筑环境以及其他建筑物的管理。相比于商业平台以及基于商业平台的二次开发，自主研发平台的适用性更强，但由于综合管廊运维管理领域的研究较少，目前还没有相关运维管理平台地开发。总体而言，目前还没有完全适用于综合管廊智能化运营的管理平台。

9.1.3 智慧运维技术挑战

1. 数据及技术标准

BIM 和 GIS 的集成运用能够为综合管廊运维的可视化、宏观以及微观管理功能的结合提供基础。但目前为止，GIS 与 BIM 数据的集成还存在很大的问题，如集成后数据丢失、可视化效果不好、无法进行空间数据分析等[48]。为了促进 BIM 和 GIS 技术的融合应用，实现更加理想的运维管理效果，需进一步研究建立 GIS 与 BIM 之间模型精细度的映射算法、映射规则以及语义映射表等内容。在综合管廊运维管理平台中将 IOT、BIM、GIS 等不同技术以及各类运维管理子系统进行集成管理时，需对各类数据的标准进行适当地定义，如建模标准、交互标准、管理数据标准、技术数据标准、档案存储数据标准等。此外，还包括综合管廊智能化运维管理平台各个子系统的配合标准、接口标准等。与此同时，运用 IOT 技术对综合管廊进行自动化监控管理时，还需研究将现场监测的实时数据映射到运维管理平台数据库中的相关标准，以实现对上层应用的数据支持。

2. 大数据信息分析

在搭建综合管廊运维管理平台时，需要整合多个子系统，如 GIS 系统、综合管廊BIM 模型、环境与设备监控系统、安全防范系统、通信系统、预警与报警系统、管廊物业管理系统等。在对不同子系统的信息资源进行集成整合时，一方面要解决各类数据来源的交互操作性问题。另一方面，由于不同来源的数据结构复杂且数量巨大，采用传统数据处理工具进行数据分析和决策支持将变得十分困难，因此需要采用新的技术才能实现对各类数据源的数据挖掘和分析[83-87]。

在搭建综合管廊智能化运维管理平台时，还需考虑平台的易用性和便捷性。如何实现集成平台中"大数据"的智能化处理，将成为巨大的挑战。新兴的云计算技术能够为"大数据"提供快速的信息处理能力，使企业专注于自身的核心业务，而不必担心基础设施、灵活性以及资源可用性等方面的问题[88]。但是"大数据"在云平台中的运用研究仍处于初级阶段，还面临着一系列的挑战，如可扩展性、可用性、数据完整性、数据转换、数据质量、数据的异质性、法规监管以及数据隐私等问题[89]。

3. 信息的安全保障与准确性

由于综合管廊集中敷设的市政管线是服务于整个城市运行的生命线，若在运维管理过程中处理不当，将可能产生非常严重甚至是灾难性的结果。综合管廊信息化模型等信息如果被恐怖分子获取，极易造成影响整个城市运行的恐怖袭击行为。同时针对综合管廊安全运营的数据挖掘和智能决策，均需要经验数据的支持，否则无法做出正确的管理决策。

9.2 智慧运维体系结构

9.2.1 智慧运维系统的组成

综合管廊智慧运维管理系统，包括系统维护模块、运维单位业务模块 C/S 端、运维单位业务模块 M/S 端、管线单位业务模块、数据接口模块、智慧决策支持模块和统一数据库。

1. 系统维护模块

系统维护模块包括用户管理、角色权限管理、流程配置管理、表单定制化管理、部件分类管理、设备编码映射管理、GIS 数据管理、3D 模型管理、巡检项目管理、系统日志管理、二维码打印等。

2. 运维单位管理模块 C/S 端

运维单位管理模块 C/S 端为管廊运维单位在运营综合管廊过程中所使用的桌面端管理系统，系统由服务端和客户端组成，服务端主要负责数据存储、处理、传输、数据接口等，C/S 客户端主要功能包括大屏展示、首页主界面、设施设备和环境监控管理、安全管理、定位管理、维护管理、资产管理、能耗统计、巡检管理、备品备件管理、知识库管理、内部事务管理等。

3. 运维单位业务模块 M/S 端

运维单位业务模块 M/S 端为管廊运维单位在运营综合管廊过程中所使用的移动端管理系统，移动端包含 IOS 和 Android 两个平台版本，包括移动端 3DGIS、日程查询、维护作业、二维码扫描、定位、备品备件查询、知识库查询、个人信息设置、通知公告等。

4. 管线单位业务模块

管线单位业务模块是管线使用单位操作的系统，管线单位系统为 B/S 方式，包括首页主界面、资产管理、入廊作业、资料下载、故障管理、账号信息管理。

5. 数据接口模块

数据接口模块与外部系统进行数据交换，包括 SCADA 系统接口、安全防范系统接口、消防系统接口、机器人巡检车系统接口。

6. 智慧决策支持模块

智慧决策支持模块用于对管廊运维管理提供辅助决策支持，包括设备全生命周期成本跟踪与控制、运维安全智慧预警、动态灾情重构及应急救援辅助决策。

9.2.2　系统总体设计

　　系统以物联网技术为基础，通过企业级数据总线（EAI）及工业实时数据库软件对综合管廊内环境与设备监控、视频监控、门禁控制、人员定位、机器人巡检车及消防等系统的数据进行采集、传输、存储、分析和应用。展示层通过 3DGIS、管廊 BIM 三维模型以及监控数据进行统一运维指挥管理，并结合云计算、大数据分析技术，对现场信息及综合管廊其他信息进行分析、判断，为综合管廊的安全运营提供决策支持，门户层为综合管廊运维管理单位和入廊管线单位提供统一的用户访问界面。具体模型见图 9.2-1。

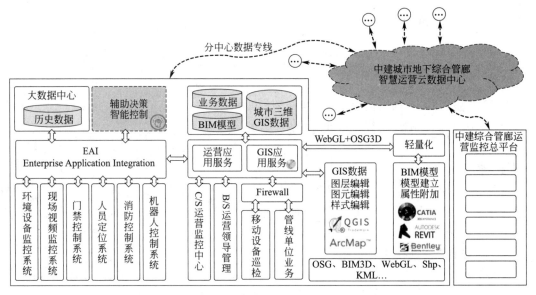

图 9.2-1　系统总体结构

9.2.3　硬件结构

　　综合管廊智慧运维系统运行于综合管廊现场，一方面利用物联网技术实现对综合管廊内环境及设备实时的监控，另一方通过标准化的技术将综合管廊运维过程中的数据推送至云平台，实现数据的储存。云平台利用虚拟化的技术将各种不同类型的计算资源抽象成服务的形式向用户提供，能够给综合管廊监控系统提供高安全性、高可靠性、低成本的数据存储服务。系统硬件构架如图 9.2-2 所示。

　　整个系统硬件采用 3 层架构，分为现场区域控制器层、网络层和监控中心层。其中现场区域控制层由安装于管廊内的仪表（氧气浓度检测仪，温湿度检测仪，有毒气体（H_2S，CH_4）检测仪等），入侵探测器，远程 IO 模块，综合继保，电量监测仪，及各区域内控制器 PLC 等现场设备组成。网络层为双链路星型多环网架构，分为接入层和核心层，根据综合管廊各路段的走向及特点，将接入层交换机按路段分为若干个子网，组成千兆光纤子环网。监控中心设两台核心层交换机，一用一备，热备冗余，两台交换机用光纤互联组成核心环网。光纤子环网通过双链路接入核心环网，为整个工程搭建起一个安全、快速、可靠的数据、通信信道。监控中心层分为各地分监控中心和总监控中心，其中分监控中心设置 SCADA 系统服务器，用于综合管廊现场数据的采集和向云端进行数据推送，总监控中心基于云平台构建，实现各区域内综合管廊数据的集中处理及应用服务。

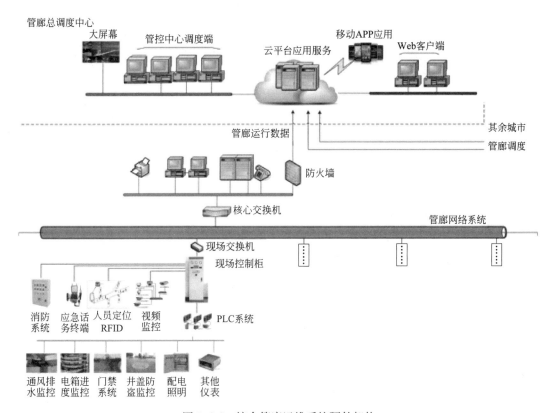

图 9.2-2　综合管廊运维系统硬件架构

9.2.4　软件结构

系统软件架构如图 9.2-3 所示，分为支撑层、数据层、应用层及系统展示四层。支撑层一方面通过通信协议获取综合管廊监测监控实时数据，经处理后写入监测监控实时数据库和历史数据库，另一方面支撑层通过数据接口获取 GIS，三维模型等软件提供的综合管廊基础数据。以上数据可通过消息队列向上层应用推送。

数据层主要包括 BIM 数据库、GIS 数据库、SCADA 系统数据库及入廊管线数据库、业务数据库等，数据库层实现了综合管廊运行全生命周期内数据的统一存储、分析、判断，并向应用层提供决策支持。

应用层包括综合管廊运维管理体系、入廊管线管理体系、综合管廊应急抢险体系、节能管理和行政能效体系，为综合管廊运维综合管理平台提供监控与预警、联动控制、运维、应急抢险和行政管理等全方位的应用功能。

系统展现层为包括 Web 应用端、桌面应用端和移动应用端，向用户提供更加直观、易用的界面，并且能简化用户的使用并节省时间。

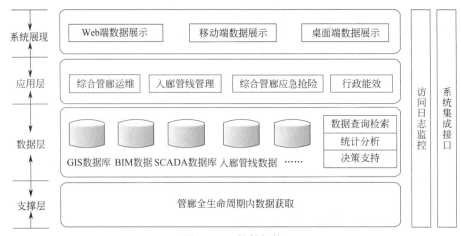

图 9.2-3　软件架构

9.3　关键技术实现

综合管廊运维管理的周期长、难点多、安全性要求高，因此在运维中保障综合管廊安全、稳定的运行是其首要任务。智慧化的综合管廊运维管理技术能够提高运维质量和效率，降低运维成本和故障率。

9.3.1　GIS和三维可视技术

1. GIS 技术

GIS（Geographic Information System 地理信息系统）是在计算机硬、软件系统支持下，对整个或部分地球表层（包括大气层）空间中的有关地理分布数据进行采集、储存、管理、运算、分析、显示和描述的技术系统。GIS 作为各区域内综合管廊全线数据整合集成的引擎平台，基于统一基础地理坐标系，根据综合管廊线路、区间段精确走向、标高等规划方案进行综合管廊地图管理。见图 9.3-1。

图 9.3-1　综合管廊 GIS 地图查看

2. 三维可视技术

综合管廊的三维可视技术，是以综合管廊的各项相关信息数据作为模型的基础，进行建筑模型的建立，通过数字信息仿真模拟建筑物所具有的真实信息。它具有可视化，协调性，模拟性，优化性和可出图性 5 大特点。三维可视化的综合管廊运维管理，充分利用三维模型优越的可视化空间展现力，以模型为载体，将管廊运维阶段的各种信息进行整合，实现管廊运维管理过程中涉及的巡检、设施设备维修、入廊作业管理及应急抢险等工作的有效运作。

综合管廊运维中 GIS 与三维模型的结合，使得综合管廊从宏观到微观、从全局到细节都有了良好的管理条件。在综合管廊运维中，将综合管廊实体 1∶1 数字化至运营平台，将城市综合管廊在城市的分布情况、周边环境、异常情况通过 GIS 集中展示并与模型产生交互（图 9.3-2）。通过平台的 GIS 和模型的结合管理可实现定位综合管廊相对城市的所在位置、精准确定出入口位置、安全预警和消防预警定位、设备定位、巡检人员定位、设备工作状态查看、设备信息显示、管廊属性查询、管廊管理信息维护、综合管廊运维数据管理等，从而展开对综合管廊的数字化管理，降低运营成本，提高运营效益。

图 9.3-2　综合管廊 GIS＋三维模型智慧化管理

9.3.2　云计算技术

随着现代社会科学技术的发展和互联网时代的来临，管廊的建设呈爆发式的增速，其运维管理的数据量和信息量随之快速增长。在管廊运维体系内有着海量的数据需要得到实时处理。对于物理支撑的服务器硬件来讲，对其计算能力的要求也相应提高。在单一应用系统的时代，对于运算能力的需求通常是通过硬件投入来满足。但在现在，越来越多的运算需求是通过分布式并行技术实现的。这种技术的应用可以实现应用系统之间的硬件复用，降低了软件系统对硬件的要求。但是相应地对软件的复杂度和分布式部署提出了更高的要求，因此出现了云计算的概念。

云计算的核心思想是通过网络将各个应用系统中的硬件运算资源进行统一的调度，将大型的运算需求拆分并通过一定的算法将拆分后的任务分配给合适的计算节点进行处理。由以上描述可以看出，要实现云计算首先有两个前提条件：一是要有足够海量的数据处理需求，这种需求必须大到"值得拆分"；二是要有足够高效的支撑网络资源，这种网络既包括传输交换网络，也包括运算资源网络，网络的效率必须满足实时性的要求。作为处理海量数据的的新方法、新理念，云计算必将成为管廊运维产业发展的支撑技术之一。

要全面实现云计算概念的核心思想，首先要求单一服务器要支持虚拟主机的功能。通过虚拟化技术，可以将分布式部署的不同服务器统一调度，在不影响原有应用系统调用、运算需求的情况下，为来自网络运算需求服务。服务器可以被虚拟成多个操作系统，进而提高了服务器的运算效率。服务器上还可以在网络和应用之间建立防火墙，以免恶意的调用造成虚拟机效率的下降。

未来的发展中，管廊运维体系应该在管廊标准化体系建设、管廊统一规范编码、管廊数据与数据库的应用、管廊运维信号传输和处理等方面作出成绩，为真正实现我国综合管廊的智慧化运维作出贡献。

综合管廊行业的发展趋势不可逆转，全国的建设规模只会愈加庞大，在长达百年的管廊生命周期中，管廊运维必将蓬勃发展。在我国如此之大的管廊建设体量之下要有序、高效、安全的管理综合管廊云中心是一个行之有效的方式。综合管廊各地的运营中心虚拟化，连接在一起形成地区云中心，地区云中心互联形成国家云中心，这样避免了管廊管理中的信息孤岛，盘活各中心硬件资源，使管廊运维资源有效地利用起来，同时便于国家对综合管廊这一城市生命线开展全生命周期的统一管理。

9.3.3 大数据分析技术

综合管廊运维大数据分析技术主要应用于设备管理和安全管理两个方面。

1. 设备管理方面

目前综合管廊设备维护主要依靠人工进行定时或不定时的维护，依靠经验虽然可以得出一些设备出现故障的规律，但仅仅依赖单一手工登记、个人记忆等记录方式进行的简单设备资产信息管理存在着诸多缺陷与不足，已远远不能够满足现代综合管廊运维管理的要求。

综合管廊运营过程中，由于设备状态数据（包括设备成本数据、运行数据及外界环境数据等）存在体量大、类型繁多等特点，可以将大数据技术引入到管廊内设备的管理中，实现设备全寿命周期的管理。本书以管廊内风机为例，将大数据技术应用到管廊内风机的管理，通过对风机相关数据进行分析（图 9.3-3），优化风机开关的最佳阈值、维护计划、开启方式等，达到对风机全寿命周期内的最优成本控制。

2. 安全管理方面

大数据技术在安全管理方面的应用，重点基于日常运营产生的安全数据信息构建具备隐患防控、监控预警的智慧预警系统，以及动态灾害场景重构与动态应急救援的决策支持系统。

在智慧预警系统方面，基于管廊致灾机理和演化规律，可建立基于本体的管廊运维安防知识图谱系统，提供安防知识的自动问答；结合知识图谱系统，对管廊运维过程中产生的多源海量数据进行可视化和敏感度分析；基于安防知识图谱和多源海量安防数据，设计

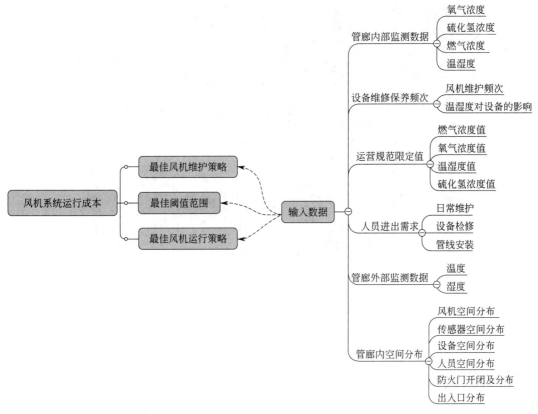

图 9.3-3　风机运行成本相关数据分析

基于聚类分析和深度学习的安全风险评估方法；基于管廊空间的拓扑结构和管廊安全数据，发掘二者之间的依赖关系；利用深度学习算法研究运维安全数据和安全事故的内在机理，扩充安全知识图谱系统，并形成多级智慧预警体系。

在动态灾害场景重构与动态应急救援方面，在对管廊内灾害监测预警及监控系统采集的直接数据进行动态分析处理和数据挖掘基础上，借助灾害学基础理论与方法，提供实时、准确、全面的灾害现场关键参数与灾情信息，并实现从有限的、离散的采集信息到全面、连续、三维的管廊内灾害现场的动态构建与实时重现。基于动态灾害场景重构与灾害态势与风险（以地层—管廊—管道设施—内部环境为对象）实时分析和评估技术，实现综合管廊疏散救援与应急处置措施的实时动态调整和更新，确保综合管廊应急救援与处置的有效性与可靠性。

9.3.4　机器人巡检技术

随着人工成本的逐年提升，高效率、高精度、低成本的智能设备逐步进入管廊运维市场，综合管廊的运维管理已初步采用智能设备开展管理工作，例如：中建地下空间有限公司的管廊运维管理中采用智能巡检车（图 9.3-4）替代人工巡检，巡检车的使用，将有效提高综合管廊的运行管理效率，及时发现管廊内各项设备的异常和故障情况，减少管廊灾害和事故的发生。

图 9.3-4 管廊智能巡检车

智能巡检车具有高清图像采集、巡检路径规划、重点部位巡检、自主避障、自主充电及一键返航等功能，具体如下：

1. 高清图像采集

综合管廊内的固定摄像头离散分布于管廊沿线，无法做到管廊监控的全方位覆盖。巡检机器车搭载有高分辨率可见光摄像头，高倍率放大变焦，以及夜间补光效果，在地下管廊昏暗环境下，实现对管廊内的高清图像采集。

2. 巡检路径规划

巡检路径规划包括识别管廊内标记的轨迹及预设的巡检路径两种方式。巡检车可根据路径自动导航，完成巡检任务。路径识别具有一定的鲁棒性，路径出现轻微损坏的情况可正常完成巡检。

3. 重点部位巡检

通过在巡检车地图上，后台设置重点巡检部位，配置巡检内容，巡检车会停下后详细巡检。可再编辑、删除重点巡检点位。巡检过程中，一旦发现异常，巡检车将自动将报警信息推送至监控中心。

（1）廊体裂缝识别

按照预设值对廊体出现的裂缝进行识别，提供告警信息，并将图像和信息传回监控中心。

（2）廊体渗漏水识别

识别廊体是否有渗漏水，确认渗漏水后，提供告警信息，并将图像和信息传回监控中心。

（3）空气质量检测

巡检车通过搭载的各类传感器，实现对管廊内部环境参数（氧气浓度、有害气体浓度、温湿度）的检测，当环境参数超过预设值，提供告警信息并将信息传回监控中心。

4. 自主避障

巡检车在行驶过程中遇到障碍物可提前停止运动或者避让，不会和障碍物发生碰撞。移除障碍物后可恢复行走。巡检过程中发现新增障碍物（如：巡检人员、检修工具）同样可以防碰撞和避开。移除管廊内之前在巡检中所遇到的障碍物，巡检车可直接行走，不会发生避让动作。

5. 自主充电

当巡检车电量低于设定的阈值后，根据地图，自动前往就近充电点位进行充电，电量达到阈值及以上，巡检车则继续完成未完成工作。巡检车开启和结束充电的电量阈值可配置。能与充电插座进行自动配合，完成充电。

6. 一键返航

启动一键返航功能，巡检车无论处于何种工作状态均可按照预设的策略返航。

9.4　案例应用

本节以中建地下空间基于贵州六盘水综合管廊项目，所开发的智慧运营管理平台为案例，对前述内容进行详细阐述。

9.4.1　项目介绍

六盘水城市地下综合管廊项目共 39.8km，主要包括老城区的人民路（西和东段）、荷泉南路、红桥路东段、水西南路（南段和北段）、钟山路（东段）、凉都大道（中段和东段）、大连路、乾元路、凤凰大道（东段）和大河经济开发区的育德路、天湖路（西段和东段）等 14 条路的地下综合管廊建设项目的投资、建设、运营及维护，具体位置如图 9.4-1所示。

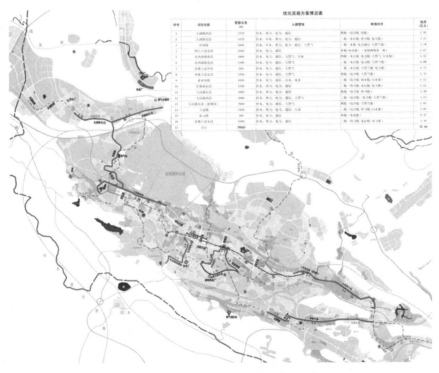

图 9.4-1　六盘水市综合管廊实施方案

综合管廊内容纳了通信、给水、电力、热力、雨水、污水、天然气等管线，各路段管廊容纳管线见表 9.4-1。

六盘水综合管廊各路段入廊管线类型   表 9.4-1

序号	项目名称	里程（km）	管线类型
1	天湖路西段	2.72	给水、热力、电力、通信
2	天湖路东段	3.12	给水、中水、热力、电力、通信
3	育德路	5.00	给水、中水、热力、天然气、电力、通信
4	人民路西段	5.06	给水、热力、天然气、电力、通信
5	人民路东段	3.00	给水、热力、电力、通信
	人民路东段（新增段）	2.90	给水、电力、通信、天然气
6	钟山路东段	1.05	给水、电力、通信
7	水西南路南段	1.90	给水、天然气、电力、通信、污水
	水西南路北段	1.20	给水、天然气、电力、通信
8	凉都大道中段	0.50	给水、电力、通信、天然气
9	大连路	2.10	给水、热力、电力、通信、污水
10	凤凰大道东段	2.70	给水、电力、通信、天然气
11	荷泉南路	1.65	给水、电力、通信、雨水、污水
12	红桥路东段	1.20	给水、热力、电力、通信
13	乾元路	0.40	给水、电力、通信
14	凉都大道东段	5.30	给水、热力、电力、通信

9.4.2 智慧运维系统 C/S 端

1. 综合管廊 GIS＋三维模型管理

智慧管理系统采用 GIS＋三维模型技术，将综合管廊实体 1∶1 虚拟至平台，通过平台的 GIS＋三维模型管理可实现定位综合管廊相对城市的所在位置、精准确定出入口位置、安全预警和消防预警定位、设备定位、巡检人员定位、设备工作状态查看、管廊管理信息维护、综合管廊运维数据管理等，从而展开对综合管廊的数字化管理，降低运营成本，提高运营效益。见图 9.4-2、图 9.4-3。

2. 环境监控与设备监控

智慧管理系统通过实时工业数据库查询环境与设备监控系统中相关设备实时数据和历史数据，并将设备数据与管廊 GIS 数据库和 BIM 模型数据库进行关联，实现对设备现场数据的可视化展示及应用。实际运行中，可通过设备关键信息检索或直接通过设备模型来选择某一具体设备，浏览被选中设备的开启状态、运行时间及控制模式等运行状态信息，见图 9.4-4。同时，现场设备一旦出现故障，系统通过关联的设备位置信息准确定位故障设备位置，并根据故障类型给出合理的维修建议。

设备运行策略控制方面，智慧管理系统通过获取管廊内氧气浓度、温湿度等与设备运行控制相关联的参数，并根据系统内置的控制策略向现场设备发送控制命令，实现对管廊内设备运行状态的智能控制。

图 9.4-2　综合管廊 GIS 地图查看

图 9.4-3　综合管廊 BIM 模型查看

(a) 空间故障定位

图 9.4-4　综合管廊设备监控预警（一）

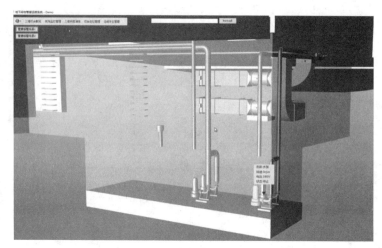

(b) 设备故障定位

图 9.4-4　综合管廊设备监控预警 (二)

3. 视频监控管理

视频监控管理实现了对综合管廊内的所有视频监控设备的直接管理，对摄像机进行旋转、对焦、抓拍等操作，平台显示综合管廊内关键节点和出入口视频，其他部位视频可通过索引查找，视频显示包括全屏、定位、跟踪、历史查询等操作功能。实现了对综合管廊24小时全方位监控，极大地保障了综合管廊的安全和工作人员的安全。见图 9.4-5。

4. 管廊运行状态管理

综合管廊在运行过程中，廊内的环境温度、湿度、各类气体浓度，管廊内的风机、水泵、配电柜、网络、传感器等设备的运行状态，管廊的门禁、消防、出入口的安全状态，管廊运行中的巡检频次、巡检内容、廊体和设备的维护等内容均会影响管廊的运行状态，进一步的影响管廊的安全，体现了管廊运行质量的好坏，因此对管廊运行状态的监控是迫切及必要的。见图 9.4-6。

5. 巡检管理

综合管理巡检包含日常巡检和异常巡检。日常巡检由巡检人员根据排班安排，对综合管廊内外环境和附属设施运行状态进行检查，巡检签到，对巡检的内容进行记录，故障部件进行拍照取证，日常巡检确保了综合管廊的安全和设备的状态。异常巡检是在接收到报警或者巡检异常报告后，派发给巡检人员或维修人员的巡检单，从而对报警及事故现场的再次确认，对管廊异常进行维修处理，异常巡检完成现场处理后，拍照取证，由运维管理单位相关负责人确认无误后方可结束异常巡检工作。以确保综合管廊的正常运行。见图 9.4-7、图 9.4-8。

6. 能耗管理

六盘水综合管廊在运维过程中，附属机电设备、数据中心设备均会产生巨大的耗能，如何在保证综合管廊运行安全和质量的前提下减少耗能、节能减排是管廊运行中多方单位共同关心的问题。例如可以调整管廊内部照明时间、顺序，可以调整通风设备的开闭频次、时长，以达到降低能耗，提高设备使用寿命的目的。在此，需要有一个前提，那就是管廊运行中的能耗统计，然后再进行能耗管理，实现综合管廊运维的节能减排。见图 9.4-9、图 9.4-10。

图 9.4-5 综合管廊视频监控管理

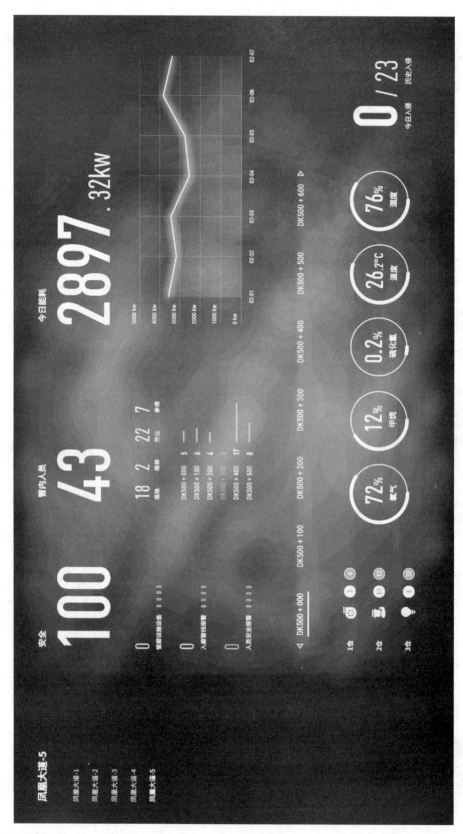

图 9.4-6　综合管廊运行状态管理

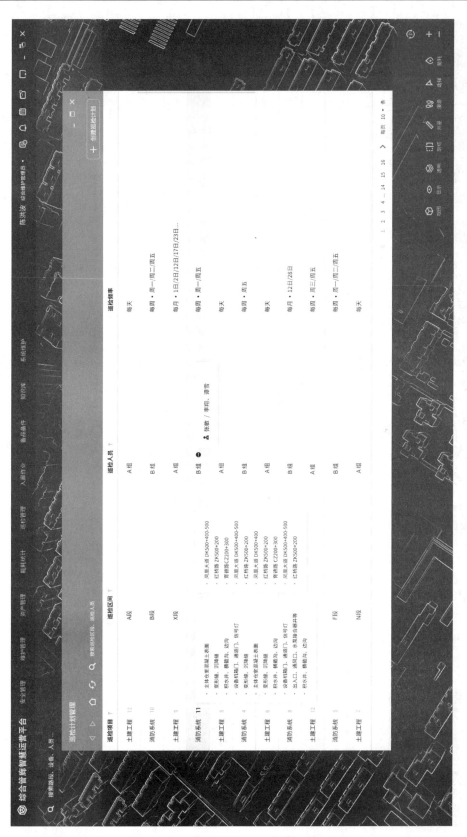

图 9.4-7　巡检计划管理

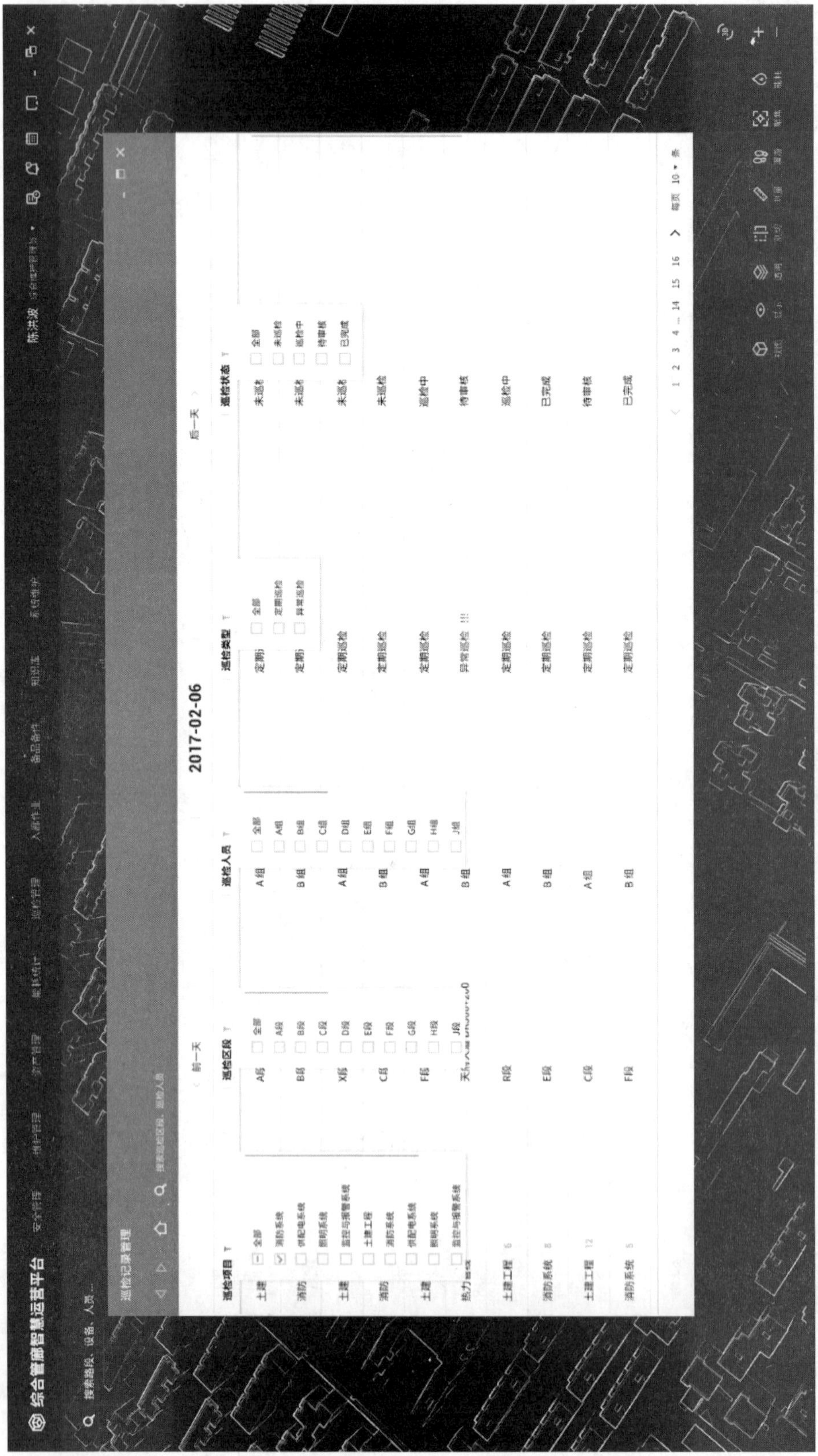

图 9.4-8　巡检记录管理

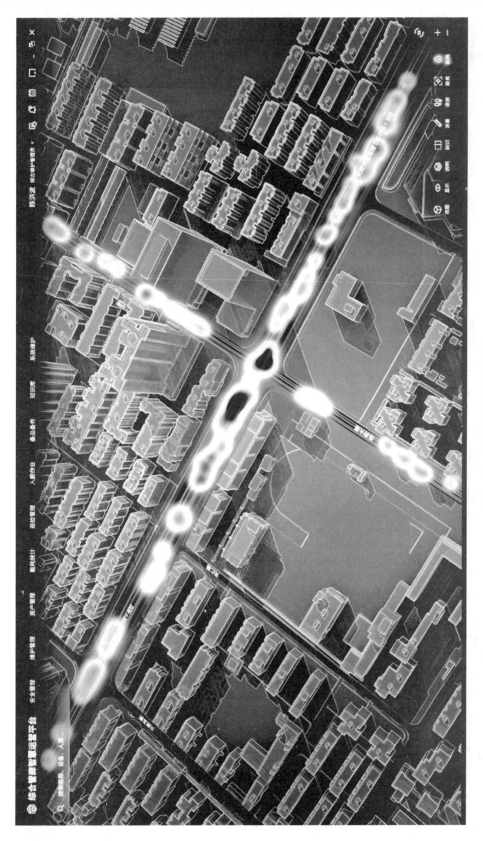

图 9.4-9　GIS 地图上的能耗分布

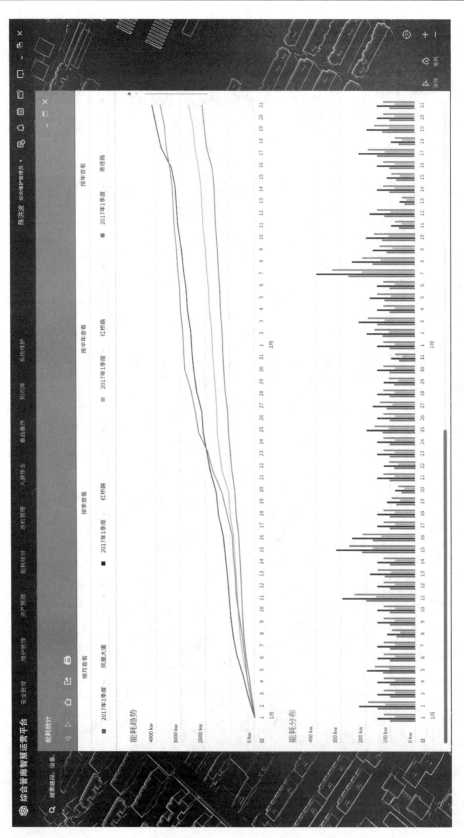

图 9.4-10 综合管廊能耗统计和对比

9.4.3　智慧运维系统 M/S 端

六盘水综合管廊智慧运维系统的 M/S 端作为系统的一个扩展和必要补充，应用于廊内作业、移动办公、数据采集等，包含了巡检、定位、GIS＋三维查看、安全告警、日程管理、知识库、通知公告、备品备件管理等功能。M/S 端作为综合管廊智慧运维系统的一部分弥补了系统在移动办公、管廊现场管理数据采集、作业过程精细管理、人员安全方面的不足，具有重大的应用价值。

1. 巡检管理

M/S 端的巡检管理同样包含日常巡检和异常巡检，与 C/S 端相对应。日常巡检由巡检人员根据排班安排，对综合管廊内外环境和附属设施运行状态进行检查，巡检签到，在移动终端上对巡检的内容进行记录，故障部件进行拍照取证，日常巡检确保了综合管廊的安全和设备的状态。异常巡检是移动终端在接收到异常巡检单后，巡检人员或维修人员对报警及事故现场的再次确认，对管廊异常进行维修处理，异常巡检完成现场处理后，拍照取证，由上级领导确认无误后方可结束异常巡检工作。以确保综合管廊的正常运行。见图 9.4-11、图 9.4-12。

图 9.4-11　M/S 端首页

2. 知识库

知识库作为管廊运维过程中查询相关资料的模块，具有资料类型全、查询方便、易于使用的特点。有效地解决了工作人员在廊内作业过程中对设备参数、维修规范等的需求问题。见图 9.4-13。

图 9.4-12　M/S 端巡检管理

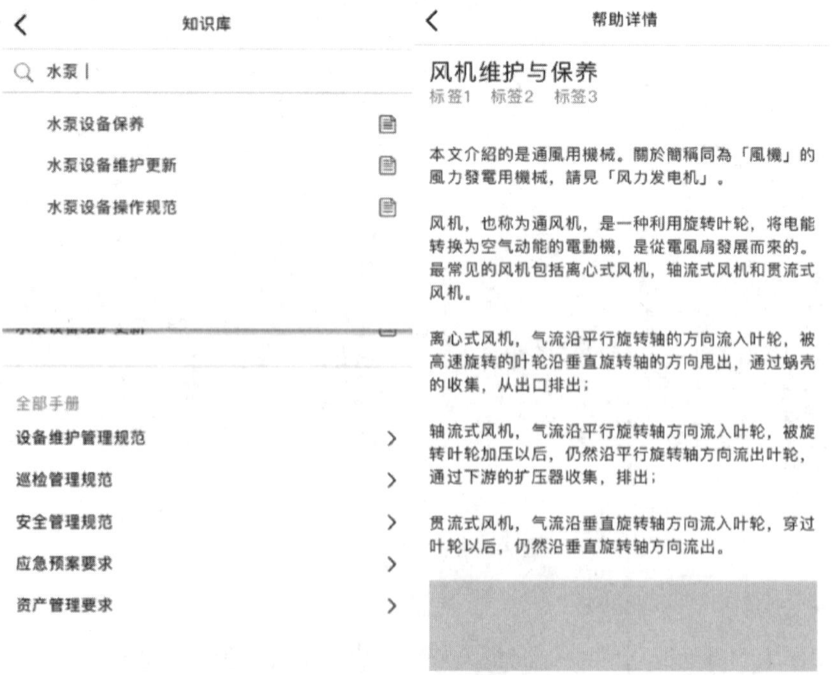

图 9.4-13　M/S 端知识库

3. 备品备件管理

M/S 端的备品备件用于处理因为维修、安装等原因产生的设备需求申请和审批，与物资管理、审批管理配合使用。便于解决备品备件管理不规范的问题，同时，备品备件管理为大数据分析中的设备全生命周期成本分析和管廊运维成本分析提供基础数据。见图 9.4-14。

(a) 采购申请   (b) 申请审批

图 9.4-14　M/S 端备品备件管理

9.5　应用效益

1. 整合并盘活城市市政管网信息资源

现代信息社会中，对信息的增值利用将成为推动财富积累和文明发展的重要途径。通过管廊智慧运维管理的应用，可全面整合和集成各市政管网信息资源，实现各类信息接入、融合集成和关联分析，为全面、精准、动态掌握综合管廊内管线信息资源的类型、数量以及更新程度等提供了强大的信息支撑，进一步提高了管线信息资源开发利用的整体水平，增加管廊运维管理的附加经济效益。

2. 保障综合管廊运维管理安全可靠

管廊智慧运维管理为综合管廊安全管理的技术保障，依托分布于综合管廊内的监控设备、防入侵系统等信息化监测和分析手段，管控人员的不安全行为，使巡检人员达到可视化管理、无关人员实现防范入侵管理；对管廊温度、湿度、温度、水位、氧气等环境要素实时监控，实现危险源管理、识别、评估和控制，对监控设备、排水设备、通风设备等进行在线感知、报警联动、远程控制，保障综合管廊运维安全管理。

3. 提高入廊管线安全性

城市市政公用管线作为城市的"生命线"工程，直接影响到公众民生，入廊管线的安全运行是综合管廊的首要任务。管廊智慧运维管理通过先进技术手段，详细监控管线使用情况，经过系统的风险分析，提前预测管线安全存在的缺陷，及时通知管线单位，提高管理水平，及时发现、消除事故隐患，采取必要的更换管材、管件等检修措施，加强城市地下管线维修、养护和改造，切实保障地下管线安全运行。

4. 提高综合管廊管理效率和服务水平

智慧运维管理将管廊模型及管廊运维管理流程数字化，采用计算机方式进行管理，改变了传统的手工管理资料的模式，使得管廊运维管理的各个环节、各个部门之间运转更加通畅，显著提高管廊运维管理的效率。智慧运维管理系统把管廊宏观领域的 GIS 信息和微观领域的 BIM 信息进行交换和交互操作，满足查询和分析空间信息的功能，使运维管理服务质量得到很大的改进，使客户的满意度也大幅度提高，同时降低运维成本。

5. 智慧综合管廊是智慧城市的重要组成部分

综合管廊的修建，能有效解决地下管线管理杂乱、维修频繁、地下空间无序开发等"城市病"，管廊智慧运维管理通过结合物联网技术、BIM、GIS、数据挖掘等一系列先进技术，推进城市地下管线信息综合管理系统与数字化城市管理系统、智慧城市融合，充分利用综合管廊运维管理，实现入廊管线的快速协调和网络化管理。打造城市地下"智慧管廊"，是智慧城市建设的关键领域之一，对实现城市管网智慧化管理、保障地下空间有序开发来说极为重要。

本章参考文献：

［1］ 中华人民共和国国家标准. 城市综合管廊工程技术规范 GB 50838—2015 ［S］. 北京：中国计划出版社，2015.

［2］ 王恒栋，薛伟辰，综合管廊工程理论与实践 ［M］. 北京：中国建筑工业出版社，2013.

［3］ 财政部经济建设司，住房城乡建设部城市建设司. 2015 年地下综合管廊试点城市名单公示［EB/OL］. http：//jjs. mof. gov. cn/zhengwuxinxi/tongzhigonggao/201504/t20150409 _ 1214636. html. 2016-02-23.

［4］ Chang J R, Lin H S. Preliminary Study on Application of Building Information Modeling to Underground Pipeline Management ［C］. Recent Developments in Evaluation of Pavements and Paving Materials. ASCE, 2014：69-76.

［5］ 钟雷，马东玲，郭海斌. 北京市市政综合管廊建设探讨 ［J］. 地下空间与工程学报，2006，2 (b08)：1287-1292.

［6］ 关欣. 综合管廊与传统管线铺设的经济比较——以中关村西区综合管廊为例 ［J］. 建筑经济，2009（s1）：339-342.

［7］ 蓝枫，王恒栋，王静霞，等. 城市地下综合管廊：统筹规划协调管理 ［J］. 城乡建设，2015（6）：4-5.

［8］ Chen W T, Chen T T, Lin Y P, et al. Using factor analysis to assess route construction priority for common duct network in Taiwan ［J］. Journal of Marine Science & Technology, 2008, 16（2）：77-89.

［9］　谢非 . 建造信息化城市生命线——横琴市政综合管廊 BIM 技术应用［J］. 安装，2015（11）：25-26.

［10］　Duan Z. Fully developed turbulent flow pressure drop in circular and noncircular ducts［J］. Journal of Fluids Engineering，2012，134（6）：287-304.

［11］　姜天凌，李芳芳，苏杰，等 . BIM 在市政综合管廊设计中的应用［J］. 中国给水排水，2015（12）：65-67.

［12］　郁雷 . HUC 组合钢板桩新工艺在某地下综合管廊施工中的应用［J］. 施工技术，2014（17）：33-35.

［13］　Kim，Sung-Keun. A Study on the Mechanized Construction for Common Ducts in a Road Tunnel［J］. Journal of the Korean Society of Civil Engineers，2014（6）：1937-1944.

［14］　田强，王建，郑立宁，等 . 城市地下综合管廊智能化运维管理技术研究［J］. 技术与市场，2015，22（12）：27-28.

［15］　Kang J A，Kim T H，Oh Y S，et al. Monitoring Method Using Moving CCTV in Common Duct［J］. 2011，14（4）：1-12.

［16］　Kim I H，Choi K H，Kim K H，Kang B J. Three-dimensional underground common duct managing system，has three-dimensional geographic information system database for storing three-dimensional geographic information system information to indicate abnormality on display unit［P］. Korea：KR2011097349-A，2011-08-31.

［17］　CNKI. 中国知网［DB/OL］. http：//www. cnki. net/，2016-01-7.（CNKI. CNKI［DB/OL］. http：//www. cnki. net/，2016-01-7.（in Chinese））

［18］　Homson-Reuters. Web of Science［DB/OL］. http：//apps. webofknowledge. com，2016-01-7.

［19］　Ishii H，Kawamura K，Ono T，et al. A fire detection system using optical fibres for utility tunnels［J］. Fire safety journal，1997，29（2）：87-98.

［20］　张芳，朱合华，吴江斌 . 城市地下空间信息化研究综述［J］. 地下空间与工程学报，2006，2（1）：5-9.

［21］　赵泽生，刘晓丽 . 城市地下管线管理中存在的问题及其解决对策［J］. 城市问题，2013（12）：80-83.

［22］　陈兴海，丁烈云 . 基于物联网和 BIM 的城市生命线运维管理研究［J］. 中国工程科学，2014，16（10）：89-93.

［23］　刘亚民 . 地下管线的管理"普查"——访中国城市规划协会地下管线专业委员会秘书长汪正祥［J］. 现代职业安全，2014（4）：10-13.

［24］　Canto-Perello J，Curiel-Esparza J. Assessing governance issues of urban utility tunnels［J］. Tunnelling and Underground Space Technology，2013，33（1）：82-87.

［25］　Kishawy H A，Gabbar H A. Review of pipeline integrity management practices［J］. International Journal of Pressure Vessels and Piping，2010，87（7）：373-380.

［26］　Hopkins P. Pipeline integrity：some lessons learnt［A］// WTIA International Pipeline Integrity & Repairs Conference. 2004：1-26.

［27］　Cosham A，Hopkins P，Macdonald K A. Best practice for the assessment of defects in pipelines - Corrosion［J］. Engineering Failure Analysis，2007，14（7）：1245-1265.

［28］　Macdonald K A，Cosham A. Best practice for the assessment of defects in pipelines - gouges and dents［J］. Engineering Failure Analysis，2005，12（5）：720-745.

［29］　DeWolf G B. Process safety management in the pipeline industry：parallels and differences between the pipeline integrity management（IMP）rule of the Office of Pipeline Safety and the PSM/RMP approach for process facilities [J]. Journal of hazardous materials, 2003, 104 (1-3): 169-192.

[30] Gabbar H A, Kishawy H A. Framework of pipeline integrity management [J]. International Journal of Process Systems Engineering, 2011, 1 (3-4): 215-236.

[31] Bergman J, Chung H, Li F, et al. Maturation of Real-time Active Pipeline Integrity Detection System for Natural Gas Pipelines [A] //10th International Workshop on Structural Health Monitoring (IWSHM) .2015: 383-390.

[32] Ding Q, Shang Y, Wu M, et al. Intelligent pipeline management system, has pipeline integrity management module that establishes leakage alarm system, video monitoring system and three-dimensional geography information GIS system [P]. China: CN104794560-A, 2015-07-22.

[33] Martins H F, Piote D, Tejedor J, et al. Early detection of pipeline integrity threats using a smart fiber optic surveillance system: the PIT-STOP project [A] //24th International Conference on Optical Fibre Sensors (OFS) .2015: 96347X-1-96347X-4.

[34] Bhuiyan M A S, Hossain M A, Alam J M. A computational model of thermal monitoring at a leakage in pipelines [J]. International Journal of Heat and Mass Transfer, 2016, 92: 330-338.

[35] Suk Oh-Am. A Study on Automatic Switch Control System for Systematic Control and History Management of Underground Utility Tunnel Work [J]. Journal of the Korea Institute of Information and Communication Engineering, 2015, 19 (6): 1443-1448.

[36] Kim H S, Hwang I J, Kim Y J. Characteristics OF Smoke Concentration Profiles WITH Underground Utility Tunnel Fire [J]. Korean Society of Computatuonal Fluids Engineering, 2005, 10 (1): 94-98.

[37] Curiel-Esparza J, Canto-Perello J. Indoor atmosphere hazard identification in person entry urban utility tunnels [J]. Tunnelling and underground space technology, 2005, 20 (5): 426-434.

[38] Yoon Dongwon, Shin Dong-Cheol. A Study on Determining Dew Condensation at the Underground Utility Tunnel as Measurement Thermal Condition [J]. The Korean Society of Living Environmental System, 2014, 21 (6): 1014-1022.

[39] Kim Min-sung, Song Se-hwan, Kim Jee-hern, et al. Measurement of Indoor Environment in Underground Utility Tunnel during Autumn Season [J]. The Korean Society of Living Environmental System, 2014, 21 (6): 326-336.

[40] Cao J, Li Y, Liu Q, et al. Pipeline detecting robot, has electromagnetic ultrasonic mechanism and electronic cabin connected through hinge shaft that is connected with modular robot structure, and laser detection mechanism for adopting point laser scanning technology [P]. China: CN104565675-A , 2015-4-29.

[41] Nakano M, Torigoe T, Kawano M. Structure monitor system by using optical fiber sensor and watching camera in utility tunnel in urban area [A] //International Commission for Optics (ICO 22) .2011: 80116N-1-80116N-9.

[42] Cheng L, Li S, Ma L, et al. Fire spread simulation using GIS: Aiming at urban natural gas pipeline [J]. Safety Science, 2015, 75: 23-35.

[43] Humber J, Cote E I, Glass M, et al. Fate and Transport Modeling: Quantifying Potential Impacts for Pipeline Integrity and Emergency Response Preparedness [A] //9th International Pipeline Conference (IPC 2012) .2012: 339-343.

[44] Iwamura K, Mochizuki A, Kakumoto Y, et al. Development of spatial-temporal pipeline integrity and risk management system based on 4 dimensional GIS (4D-GIS) [A] //ASME International Pipelines Conference (IPC 2008) .2008: 291-298.

[45] Chang H, Hu Y, Lin M, et al. Building information modeling (BIM) database system for collision

detection and operation maintenance of underground pipeline，has collision detection chip and device management chip that are set to three dimension model chip database［P］. China：CN204303029-U，2015-4-29.

［46］ 李清泉，严勇，杨必胜，等. 地下管线的三维可视化研究［J］. 武汉大学学报：信息科学版，2003，28（3）：277-282.

［47］ 谭章禄，吕明，刘浩，等. 城市地下空间安全管理信息化体系及系统实现［J］. 地下空间与工程学报，2015，11（4）：819-825.

［48］ Kang T W，Hong C H. A study on software architecture for effective BIM/GIS-based facility management data integration［J］. Automation in Construction，2015，54：25-38.

［49］ Feldman S C，Pelletier R E，Walser E，et al. A prototype for pipeline routing using remotely sensed data and geographic information system analysis［J］. Remote Sensing of Environment，1995，53（2）：123-131.

［50］ Jo Y D，Ahn B J. A method of quantitative risk assessment for transmission pipeline carrying natural gas［J］. Journal of hazardous materials，2005，123（1）：1-12.

［51］ Feng X L，Xu X J. Hydraulic Calculation and Visualization of Long Distance Pipeline Based on GIS［A］// International Conference on Mechanical Engineering，Industry and Manufacturing Engineering（MEIME 2011），2011：502-506.

［52］ Leidig M，Teeuw R. Free software：A review，in the context of disaster management［J］. International Journal of Applied Earth Observation and Geoinformation，2015，42：49-56.

［53］ Shunzhi Z，Wenxing H，Qunyong W，et al. Research on data mining model of GIS-based urban underground pipeline network［A］//IEEE International Conference on Control and Automation，2009：1515-1520.

［54］ Eastman C，Eastman C M，Teicholz P，et al. BIM handbook：A guide to building information modeling for owners，managers，designers，engineers and contractors［M］. Hoboken，New Jersey：John Wiley & Sons，2011.

［55］ Becerik-Gerber B，Jazizadeh F，Li N，et al. Application areas and data requirements for BIM-enabled facilities management［J］. Journal of construction engineering and management，2011，138（3）：431-442.

［56］ Shou W，Wang J，Wang X，et al. A comparative review of building information modelling implementation in building and infrastructure industries［J］. Archives of computational methods in engineering，2015，22（2）：291-308.

［57］ Xie X Y，Xie T C. Research for Framework of BIM-Based Platform on Facility Maintenance Management on the Operating Stage in Metro Station［J］. Applied Mechanics and Materials，2015：702-710.

［58］ Wang Q K，Li P，Xiao Y P，et al. Integration of GIS and BIM in Metro Construction［A］//Applied Mechanics and Materials，2014：698-702.

［59］ Oh E H，Lee S，Shin E Y，et al. A Framework of Realtime Infrastructure Disaster Management System based on the Integration of the Building Information Model and the Sensor Information Model［J］. Journal of Korean Society of Hazard Mitigation，2012，12（6）：7-14.

［60］ 张林锋，欧阳述嘉，吕俊峰，等. BIM 在数据中心基础设施运维管理中的应用［J］. 信息技术与标准化，2015，11：34-35.

［61］ Liebich T. IFC for INFRAstructure［R］. USA：buildingSMART Model Support Group，2012.

［62］ Mignard C，Nicolle C. Merging BIM and GIS using ontologies application to urban facility management in ACTIVe3D [J]. Computers in Industry, 2014, 65 (9): 1276-1290.

[63] 胡振中，彭阳，田佩龙. 基于 BIM 的运维管理研究与应用综述 [J]. 图学学报，2015，36 (5): 802-810.

[64] Hijazi I, Ehlers M, Zlatanova S, et al. IFC to CityGML transformation framework for geo-analysis: a water utility network case [A] //4th International Workshop on 3D Geo-Information, 2009: 123-127.

[65] El-Mekawy M, Östman A, Hijazi I. A unified building model for 3D urban GIS [J]. ISPRS International Journal of Geo-Information, 2012, 1 (2): 120-145.

[66] Liu R, Issa R. 3D visualization of sub-surface pipelines in connection with the building utilities: Integrating GIS and BIM for facility management [J]. Computing in Civil Engineering (2012), 2012: 341-348.

[67] Atzori L, Iera A, Morabito G. The internet of things: A survey [J]. Computer networks, 2010, 54 (15): 2787-2805.

[68] 邬贺铨. 物联网的应用与挑战综述 [J]. 重庆邮电大学学报（自然科学版），2010，22 (5): 526-531.

[69] 王保云. 物联网技术研究综述 [J]. 电子测量与仪器学报，2009，23 (12): 1-7.

[70] Miorandi D, Sicari S, De Pellegrini F, et al. Internet of things: Vision, applications and research challenges [J]. Ad Hoc Networks, 2012, 10 (7): 1497-1516.

[71] Gubbi J, Buyya R, Marusic S, et al. Internet of Things (IoT): A vision, architectural elements, and future directions [J]. Future Generation Computer Systems, 2013, 29 (7): 1645-1660.

[72] 孙其博，刘杰，黎羴，等. 物联网：概念，架构与关键技术研究综述 [J]. 北京邮电大学学报，2010，33 (3): 1-9.

[73] 赵恩国，贾志永. 物联网在城市管理中的应用和影响研究 [J]. 生态经济（中文版），2014，30 (10): 122-126.

[74] Glisic B, Yao Y. Fiber optic method for health assessment of pipelines subjected to earthquake-induced ground movement [J]. Structural Health Monitoring, 2012: 696-711.

[75] Ali S, Qaisar S B, Saeed H, et al. Network Challenges for Cyber Physical Systems with Tiny Wireless Devices: A Case Study on Reliable Pipeline Condition Monitoring [J]. Sensors, 2015, 15 (4): 7172-7205.

[76] Rajeev P, Kodikara J, Chiu W K, et al. Distributed Optical Fibre Sensors and their Applications in Pipeline Monitoring [J]. Key Engineering Materials, 2013, 558: 424-434.

[77] Kwak P J, Park S H, Choi C H, et al. Safety Monitoring Sensor for Underground Subsidence Risk Assessment Surrounding Water Pipeline [J]. Journal of Sensor Science and Technology, 2015, 24 (5): 306-310.

[78] Zhao Q, Feng J P, Li T, et al. Research on Application of Sensor Monitoring Technology Based on the IOT in the Campus GIS Pipeline System [A] //3rd Asian Pacific Conference on Mechanical Components and Control Engineering (ICMCCE), 2014: 944-947.

[79] Bao L W, Huang W Q, Fan H Q. Applying the Technology of Internet of Things to Urban Pipeline Gas Metering via Mobile Data Acquisition [A] //International Conference on Measurement, Instrumentation and Automation (ICMIA 2012), 2012: 3184-3189.

[80] Sun Z, Wang P, Vuran M C, et al. MISE-PIPE: Magnetic induction-based wireless sensor networks for underground pipeline monitoring [J]. Ad Hoc Networks, 2011, 9 (3): 218-227.

[81] Kwak P J, Park S H, Choi C H, et al. IoT (Internet of Things) -based Underground Risk Assessment System Surrounding Water Pipes in Korea [J]. International Journal of Control and Automation, 2015:

　　　　 183-190.

[82]　Tonneau A S, Mitton N, Vandaele J. How to choose an experimentation platform for wireless sensor networks? A survey on static and mobile wireless sensor network experimentation facilities [J] . Ad Hoc Networks, 2015, 30: 115-127.

[83]　Chen F, Deng P, Wan J, et al. Data mining for the internet of things: literature review and challenges [J] . International Journal of Distributed Sensor Networks, 2015, 3: 1-14.

[84]　Tsai C W, Lai C F, Chiang M C, et al. Data mining for internet of things: a survey [J] . IEEE Communications Surveys & Tutorials, 2014, 16 (1): 77-97.

[85]　Berkovich S, Liao D. On clusterization of big data streams [A] //The 3rd International Conference on Computing for Geospatial Research and Applications, 2012: 26.

[86]　Manyika J, Chui M, Brown B, et al. Big data: The next frontier for innovation, competition, and productivity [R] . USA: McKinsey Global Institute, 2011.

[87]　Boton C, Halin G, Kubicki S, et al. Challenges of Big Data in the Age of Building Information Modeling: A High-Level Conceptual Pipeline [A]//International Conference on Cooperative Design, Visualization and Engineering, 2015: 48-56.

[88]　Aceto G, Botta A, De Donato W, et al. Cloud monitoring: A survey [J] . Computer Networks, 2013, 57 (9): 2093-2115.

[89]　Hashem I A T, Yaqoob I, Anuar N B, et al. The rise of "big data" on cloud computing: Review and open research issues [J]. Information Systems, 2015, 47: 98-115.

附录：运维管理工作表单

日常巡检记录表 附表 A.1

日常巡检记录表				表格编号
巡检区间：			巡检日期：	
巡检人员：				
故障编号	故障位置	巡检情况		备注
		异常情况描述	处理情况	

说明:异常的需在情况描述中说明异常设备的编号或者异常项的位置,并大致说明情况。特殊问题情况需要强调的可在备注中说明。

巡检总结：

巡检人员签字： 　审核：

入廊申请表 附表 A.2

入廊作业申请单		表格编号	
业主单位		联系电话	
业主单位地址			
业主单位监管人员	职务	联系电话	
作业单位		联系电话	
作业单位地址			
作业单位负责人	职务	联系电话	
作业区段（地段）号	（选择系统分类）		
要求配合条件			
起止时间	年 月 日 时 分至 年 月 日 时 分		
电力使用	□有 □无	动火情况	□有 □无
主要作业内容：			
附件	□1 位置图 □2 平面图 □3 横断面图 □4 工程表 □5 施工方案 □6 作业人员名单及身份证明 □7 其他（ ）		
管廊运维管理单位	工程部意见	经办人签字（章）	
		负责人签字（章）	
	技术部意见	经办人签字（章）	
		负责人签字（章）	
业主单位监管人员签章	业主单位负责人签章	申请单位章	
运维管理单位确认	（上传附件）		

入廊登记表 附表 A. 3

序号	入廊人员	所属单位	入廊事由	入廊时间	出廊时间	审批人	备注

土建结构及附属设施维修记录表　　　　　　　　　　　　附表 A. 4

故障系统		里程 位置	故障 现象	故障 原因	处理方案 与结果	报修时间 /报修人	维修时间 /维修人
消防	☐						
通风	☐						
监控	☐						
照明	☐						
排水	☐						
报警	☐						
土建结构	☐						
其他	☐						

入廊管线维修记录表　　　　　　　　　　　　附表 A. 5

故障系统		里程位置	故障现象	故障原因	处理方案与结果	报修时间 /报修人	维修时间 /维修人
电力	☐						
通信	☐						
给水	☐						
雨水	☐						
热力	☐						
燃气	☐						
污水	☐						
其他	☐						

管廊内施工现场动火申请书及动火证　附表 A.6

施工现场动火证申请书

编号：

申请单位	
动火人	
看火人	
动火部位	
动火时间	
动火作业周边燃易爆物品情况	
防火措施预案 灭火器材配备	
审批人意见	

施工单位安全负责人（签字）：　　　　批准人：　　　　　　年　月　日

施工现场动火证

编号：

动火单位	
动火人	
看火人	
动火部位	
动火项目	
动火时间	
动火必须做到	1. 动火必须持有经审批的动火证，严格按照操作规程动火。 2. 动火前清除周围的易燃品，遇有无法清除的易燃物品必须采取可靠的隔离防火措施。 3. 动火区域必须设专人看火，同时配备灭火器材，看火人随时关注动火区及周边防火安全，不得随意脱岗。 4. 凡涉及电、气焊等操作的明火作业，操作人员必须持证上岗。 5. 动火完毕，必须对现场进行检查，确认无可复燃火灾隐患后方可离开； 6. 批准人勘察现场后才能批准申请。

批准人：　　　　　　年　月　日

批准单位公章